Ramal Ahmed

Iogurte fortificado utilizado para aumentar a fertilidade em ratos de milha

Ramal Ahmed

Iogurte fortificado utilizado para aumentar a fertilidade em ratos de milha

ScienciaScripts

Imprint

Any brand names and product names mentioned in this book are subject to trademark, brand or patent protection and are trademarks or registered trademarks of their respective holders. The use of brand names, product names, common names, trade names, product descriptions etc. even without a particular marking in this work is in no way to be construed to mean that such names may be regarded as unrestricted in respect of trademark and brand protection legislation and could thus be used by anyone.

Cover image: www.ingimage.com

This book is a translation from the original published under ISBN 978-3-330-34663-5.

Publisher:
Sciencia Scripts
is a trademark of
Dodo Books Indian Ocean Ltd. and OmniScriptum S.R.L publishing group

120 High Road, East Finchley, London, N2 9ED, United Kingdom
Str. Armeneasca 28/1, office 1, Chisinau MD-2012, Republic of Moldova, Europe
Printed at: see last page
ISBN: 978-620-7-61584-1

ÍNDICE DE CONTEÚDOS

Resumo

Este estudo foi realizado para investigar a utilização de ervas para aumentar a fertilidade depois de misturadas com iogurte e o efeito no prazo de validade, análise sensorial e de textura do iogurte depois de armazenado durante 21 dias no frigorífico. Também o efeito sobre a qualidade do esperma e as hormonas sexuais dos ratos após exposição durante três semanas ao cloreto de cádmio induziu a subfertilidade em ratos machos. Noventa e um ratos machos maduros com peso corporal médio de 23-27gm e 7-8 semanas de idade foram divididos aleatoriamente em 13 grupos (7 ratos/grupo).

O estudo indica uma diminuição significativa do nível da Hormona Folículo-Estimulante (FSH), do nível de testosterona e da Hormona Luteinizante (LH) em todos os grupos tratados, em comparação com o grupo de controlo, após o tratamento de homens com 50 mg de cloreto de cádmio. O resultado mostra que o número de espermatozóides, a atividade dos espermatozóides, a percentagem de espermatozóides móveis e a percentagem de morfologia dos espermatozóides diminuíram significativamente (P<0,05) depois de terem sido expostos ao cádmio. A experiência confirma que o extrato de *Z. officinale*, *P. cubeba* e *P. ginseng* pode ser utilizado na indústria farmacêutica como antioxidante natural e fonte de compostos fenólicos.

De acordo com os resultados, as diferentes concentrações de extrato de ervas (5%, 10% e 15%) com iogurte de leite de vaca, afectaram significativamente a acidez, o pH e a percentagem de humidade que afectam o prazo de validade do iogurte e o crescimento de micróbios no iogurte, tendo também aumentado o total de sólidos após o armazenamento durante 21 dias. Além disso, os 5%, 10% e 15% de extrato de *Z. officinale*, *P. cubeba* e *P. ginseng* e a sua combinação (1:1:1) têm um efeito positivo na viscosidade e na análise da textura do iogurte, enquanto a mesma concentração de extrato de plantas tem um efeito negativo nas propriedades sensoriais do iogurte, durante o armazenamento do iogurte a capacidade de retenção de água aumentou.

Após o tratamento dos ratos machos com 5mg, 10mg e 15mg de *Z. officinale*, *P. cubeba*, *P. ginseng* e a sua combinação durante 21 dias, a anomalia da cabeça e da cauda diminuiu. Os ratos machos tratados com diferentes concentrações de extrato de ervas durante três semanas aumentaram significativamente (P<0,05) a percentagem de espermatozóides, a percentagem de espermatozóides móveis, a LH sérica e a FSH. Enquanto diminuiu a anormalidade dos espermatozóides, os espermatozóides mortos e os espermatozóides lentos.

As actividades antioxidantes mais elevadas nos iogurtes à base de ervas do que nos iogurtes simples foram muito provavelmente atribuídas ao conteúdo fitoquímico individual das ervas e como resultado das actividades metabólicas microbianas. Concluiu-se desta investigação que os iogurtes fortificados com extrato de plantas melhoram a análise físico-química e a textura do iogurte. Além disso, o extrato de plantas desempenhou um papel protetor como antioxidante em determinados parâmetros do esperma e nas hormonas sexuais após três semanas de tratamento. O cádmio tem efeitos tóxicos em ratos machos expostos à concentração de 50 mg durante três semanas. Isto foi claramente comprovado pela análise química, sensorial, de textura, percentagem de inibição e ensaio hormonal, atividade do esperma e morfologia do esperma.

Capítulo 1: Introdução

Um dos produtos lácteos fermentados mais populares e amplamente consumidos em todo o mundo é o iogurte. O iogurte é obtido através da fermentação do ácido lático do leite por ação de uma cultura inicial que contém *streptococcus thermophiles* e *lactobacillus delbrueckii spp. Bulgaricus.* (Shah 2014). O papel das duas partes do microrganismo geral no processamento do iogurte pode ser resumido como a acidificação do leite e a síntese de muitos compostos como os compostos aromáticos (Serra *at el,*. 2009 : Sahan *et al,*. 2008). O iogurte é considerado um produto lácteo saudável devido à sua elevada digestibilidade e biodisponibilidade de nutrientes e também a distúrbios gastrointestinais como a doença inflamatória intestinal e a doença do intestino irritável (Lourens *at el* 2011 : Mckinley,. 2005)

As etapas gerais de fabrico do iogurte consistem na conversão da composição original do leite, na pasteurização do leite, na fermentação a temperaturas termofílicas, no arrefecimento e na adição de frutos, extractos de plantas e aromas (Tamime e Robinson, 1999). O desenvolvimento de alimentos funcionais por meio da biotecnologia é, portanto, importante para criar produtos enriquecidos com substâncias terapêuticas úteis para enfrentar os actuais modos de vida modernos e o efeito das dietas pouco saudáveis na saúde dos consumidores (Lee e Lucey, 2010).

Os extractos de ervas são obtidos a partir de uma grande variedade de recursos naturais, incluindo plantas, folhas, cascas, bagas, flores e raízes. A capacidade dos antioxidantes à base de ervas para actuarem como medicamentos clínicos úteis deve-se ao seu baixo custo e aos seus poucos efeitos secundários. As plantas medicinais ricas em antioxidantes naturais e fenólicos são cada vez mais utilizadas na indústria alimentar, porque proporcionam propriedades nutricionais e úteis e retardam a degradação da oxidação dos lípidos (Aportela, *et al.,* 2005). Além disso, o tipo e os valores nutricionais dos alimentos considerados funcionais, como o iogurte de ervas, também podem ser melhorados (Shori, *et al.,* 2011). Nos últimos anos, existe uma tendência crescente para a produção de iogurtes de extractos de plantas através da incorporação de aditivos alimentares naturais e substâncias promotoras de saúde. A adição de extractos de plantas, como Lee., *et al.,* (2012), ao iogurte Into demonstrou um aumento da acidificação, dos compostos fenólicos totais, da atividade antioxidante e da inibição de enzimas associadas à diabetes e à hipertensão (Jenkins., *et al.,* 2011). Os alimentos funcionais são ingredientes alimentares que proporcionam um benefício para a saúde para além do seu valor nutritivo. Como resultado da investigação sistemática e de grande envergadura sobre compostos químicos derivados de produtos naturais, o conceito de Alimentos para Uso Específico na Saúde nasceu em 1991 (Kubomara, 2012).

O leite é conhecido como uma excelente fonte de Ca, e pode fornecer uma quantidade menor de Zn e teores actuais ligeiros de Fe e Cu (Pennigton *et al,*. 2011). Nos últimos anos, a contaminação do leite é considerada como um dos principais aspectos perigosos (Kebary *et al.*, 2002). Os metais vestigiais são um termo coletivo geral que se aplica ao grupo de metais e metalóides com uma massa atómica superior a 6 g/cm. Este termo é amplamente reconhecido e geralmente aplicado a elementos como o Cd, Cu, Fe, Pb e Zn, que estão normalmente associados a problemas de poluição e toxicidade

Alguns dos ingredientes da dieta podem ser úteis se se verificar que protegem contra os efeitos deletérios dos metais pesados, uma vez que serão geralmente aceitáveis, não adicionariam uma substância estranha extra ao corpo e podem ser manipulados com segurança sem manifestações tóxicas (Saint-Eve *et al.*, 2006). Por conseguinte, o objetivo deste estudo é examinar os efeitos do extrato de ervas combinado com iogurte de leite de vaca nas funções induzidas pelo cádmio e no potencial de fertilização em ratos machos. Além disso, é importante saber que existem estudos semelhantes muito limitados sobre a capacidade de (*Panex ginseng, Zingiber officinale* e *Piper cubeba*) para prevenir ou reverter a gonadotoxicidade do cloreto de cádmio em ratos machos no mundo. Assim, os objectivos específicos do presente trabalho são os seguintes:

1. Estudar o efeito dos extractos de ervas (*Panax ginseng, Zingiber officinale* e *Piper cubeba*) nas propriedades físico-químicas, de análise da textura e sensoriais do iogurte de ervas durante o armazenamento a 5 C° durante 21 dias.
2. Efeito do armazenamento na atividade antioxidante do iogurte de ervas.
3. Estudar a capacidade do extrato de planta com iogurte para prevenir a toxicidade da formação de cloreto de cádmio, alimentando os ratos com iogurte de ervas em concomitância com a injeção de cloreto de cádmio.
4. Efeito dos extractos de diferentes concentrações (*Panax ginseng, Zingiber officinale* e *Piper cubeba*) com iogurte nos parâmetros de reprodução, hormonas, contagem de espermatozóides, morfologia e atividade dos espermatozóides nos ratos.

Capítulo 2: Revisão da literatura

2. 1 Alimentos funcionais

A compreensão da associação entre dieta e saúde aumentou a procura de alimentos com benefícios específicos para além da sua nutrição básica, melhorando a saúde e o bem-estar do ser humano. Estes alimentos são designados por Alimentos Funcionais. No entanto, os alimentos funcionais têm muitas definições, como um alimento que proporciona um benefício específico para a saúde para além do seu estado nutricional normal (Gibson e Roberfroid, 2013).

Os alimentos funcionais podem incluir probióticos, prebióticos e simbióticos. A definição de probiótico pode ser definida como um suplemento alimentar microbiano vivo que afecta de forma benéfica o animal hospedeiro, melhorando a sua estabilidade microbiana intestinal (Champagne e Gardner, 2012).

Os prebióticos são definidos como "um ingrediente alimentar não digerível que afecta beneficamente o hospedeiro ao interessar seletivamente o crescimento e/ou a atividade de uma ou de um número limitado de bactérias no cólon". Um simbiótico é uma combinação de prebióticos e prebióticos que "afecta beneficamente o hospedeiro ao melhorar a sobrevivência e a implantação de melhoramentos alimentares microbianos vivos na área gastrointestinal ao estimular seletivamente o crescimento e/ou ao ativar o metabolismo

de uma ou de um número parcial de bactérias promotoras de saúde (Dirienzo, 2011).

Os alimentos funcionais devem permanecer como dietas (não cápsulas, etc.) e devem também indicar os seus efeitos em quantidades que podem ser normalmente esperadas para serem consumidas nos alimentos. Foi sugerido que um alimento será considerado funcional quando tiver demonstrado um efeito útil sobre um ou mais objectivos no organismo e que, para além dos seus efeitos nutricionais, se relacione com o bem-estar e a saúde do hospedeiro (Sanders, 1998). Os alimentos fortificados podem ser definidos como produtos que têm um ou mais nutrientes necessários, como vitaminas e minerais adicionados (quer o(s) nutriente(s) seja(m) ou não naturalmente limitado(s) no alimento) em níveis mais elevados do que o conteúdo normal de um determinado alimento ou após o conteúdo natural do alimento ter sido restaurado, os nutrientes são para os alimentos para a determinação do envolvimento de um alimento na ingestão de nutrientes das pessoas e na sua saúde, O que levou a que se prestasse mais atenção aos organismos dominantes no trato gastrointestinal (microflora indígena) que se verificou terem um efeito benéfico na saúde humana, conhecidos como bactérias probióticas, pelo que a utilização de microflora probiótica é uma das áreas mais promissoras para o desenvolvimento de alimentos funcionais nos estudos recentes, devido ao facto de os probióticos terem reconhecido um grande benefício para a saúde humana. (Caplan, 2000). As bifidobactérias foram os organismos mais dominantes no trato gastrointestinal e a sua viabilidade e atividade metabólica demonstraram ser muito benéficas para a saúde do trato gastrointestinal. Atualmente, os produtos probióticos e, em especial, os alimentos lácteos probióticos são comercializados com sucesso em todo o mundo devido à sua aceitação pelo consumidor e à sensibilização para os seus aspectos positivos em termos de benefícios para a saúde (Gibson e Roberfroid, 2013).

2.1.1 Probióticos e produtos lácteos

Os leites de fermentação são uma das ciências restauradoras mais experientes, que remontam a 2500 a.C.; a utilização do iogurte foi aceite para ajudar a manter o bem-estar geral (Champagne e Gardener, 2012). Um esclarecimento exploratório dos impactos vantajosos dos organismos microscópicos corrosivos lácticos presentes no leite envelhecido foi inicialmente dado em 1907 pelo fisiologista russo vencedor do Prémio Nobel, Eli Metchnikoff, que expressou, a dependência dos microrganismos intestinais na alimentação torna concebível receber medidas para alterar a verdura nos nossos corpos e suplantar os microrganismos prejudiciais por micróbios úteis (Lourens-Hattingh e Viljoen, 2011).

As sociedades probióticas têm sido amplamente utilizadas pelo sector dos lacticínios como um dispositivo para o desenvolvimento de novos produtos práticos. Atualmente, estão disponíveis em todo o mundo mais de 100 produtos que contêm probióticos, incluindo leite higienizado, iogurte, gelado, leite fermentado, queijo, fórmulas para lactentes, sumos de fruta, doses únicas e produtos à base de aveia (Shah, 2014).

Os probióticos também estão disponíveis exclusivamente na forma de pós, comprimidos ou cápsulas como suplementos dietéticos, que são frequentemente produzidos pelo método de liofilização. A exposição dos probióticos ao congelamento e à desidratação pode levar a lesões celulares e à diminuição da viabilidade durante o processamento e o armazenamento. Durante o processamento, as alterações de temperatura/fase e a desidratação podem causar danos nas membranas celulares (Stanton *et al.*, 2005).

Além disso, a oxidação dos lípidos da membrana pode ocorrer durante o armazenamento. Por conseguinte, no momento em que o produto é consumido, a viabilidade dos probióticos pode estar esgotada a um nível em que os benefícios desejáveis para a saúde não podem ser proporcionados. Como as cápsulas ou comprimidos contêm frequentemente um número reduzido de células probióticas viáveis, a incorporação de probióticos nos alimentos, especialmente nos produtos lácteos, como o iogurte, é mais comum. De facto, os produtos lácteos comerciais fermentados por culturas probióticas têm tido um historial de segurança. Entre os produtos lácteos normalmente vendidos nos EUA, o mais conhecido é o iogurte. De acordo com os padrões de identidade listados no Código de Regulamentos Federais dos Estados Unidos, o iogurte é produzido através de uma cultura com as bactérias produtoras de ácido lático *Lactobacillus delbrueckii ssp. bulgaricus e Streptococcus thermophilius* (Crusch *et al.*, 1987).

2.2 Definição e história do iogurte

O iogurte é produzido quando o leite ou os produtos lácteos, provocando a coagulação do ácido lático nele contido, através da ação de enzimas bacterianas, a lactase fornecida pelas bactérias *Streptococcus thermophilus e Lactobacillus bulgaricus,* decompõe o composto de açúcar glucose e galactose que constitui a lactose, em condições anaeróbias. Os açúcares compostos são então processados levando à formação de ácido lático e acetaldeído, como mostrado na Figura 2.1. O processo pelo qual o leite é acidificado, fermentado e, portanto, preservado, varia consoante a localidade, resultando numa gama diversificada de produtos semelhantes, como o kefir, o iogurte, o kumiss e o leite acidófilo. É a redução do pH, ou seja, a acidificação, que confere ao iogurte o seu sabor azedo caraterístico, bem como a formação de uma coalhada sólida, através da precipitação e coagulação, formando a coalhada sólida que constitui o iogurte, enquanto o soro de leite é o líquido restante (Thapa *et al.,*2000).

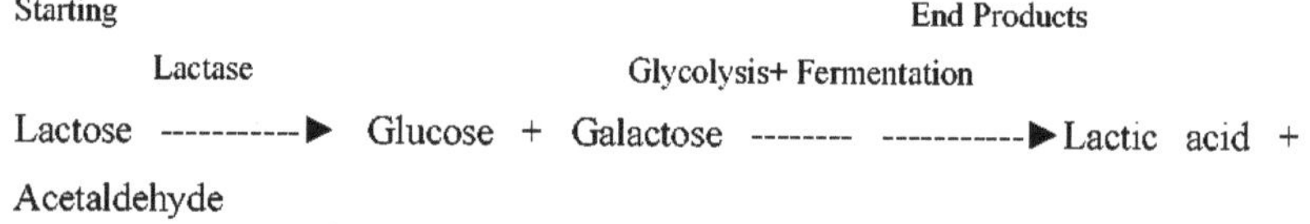

Figura (2.1): Formação de Ácido Láctico e Acetaldeído a partir da Lactose

Além disso, os métodos e equipamentos de processamento do leite e as bactérias presentes no ar contribuem ainda mais para o processo de contaminação. Por isso, é necessário pasteurizar o leite; o iogurte é feito a partir do leite de vaca pela ação cooperativa de duas bactérias homo fermentativas *Lactobacillus bulgaricus* e *Streptococcus salivarius.*

O que mostra uma relação simbiótica entre estas duas espécies de bactérias, conduz a um rápido desenvolvimento de ácido numa cultura combinada em comparação com o desenvolvimento numa cultura de estirpe única (Kailasapathy, 2006).

No entanto, *o Lactobacillus bulgaricus* e o *Streptococcus thermophilus* não são os únicos agentes bacterianos que permitem a conversão da lactose em ácido lático. Na indústria normal de transformação de produtos lácteos, são seleccionadas várias combinações de fermentos lácteos durante o fabrico de iogurte, a fim de obter uma caraterística desejável do produto e, no processo, proporcionar aos consumidores uma vasta escolha de benefícios terapêuticos. Com base na sua atividade, o fabricante adiciona normalmente 2-4 % de fermentos lácteos ao iogurte (Akalin, 1997)

A natureza e a composição do iogurte com as suas culturas bacterianas determinam a qualidade, bem como a natureza do sabor e a forma como este aparece. O sabor caraterístico de uma amostra de iogurte deve-se à produção de ácido lático, dióxido de carbono, ácido acético, diacetil, acetaldeído e vários outros componentes do processo de fermentação do leite, em que a lactose é fermentada pelas bactérias do ácido lático. Até muito recentemente, os iogurtes têm sido feitos a partir de várias fontes, incluindo leite de soja, uma combinação de alguns extractos de plantas, e fundidos com frutas, tais como sumo de fruta natural, polpa, frutos secos, e muitas vezes para servir para aumentar o valor estético (Desai *et al.*, 1994; Coisson *et al.,*2005; Ghadge *et al.,* 2008,). O sabor caraterístico do iogurte é determinado pela sua suavidade, mas viscoso, com um subtil
sabor que se assemelha a uma noz. A textura de gel é a principal caraterística e, quando adicionada de um agente espessante como a gelatina ou outros hidrocolóides, (Sodini *et al.,* 2010; Fuquay *et al.,* 2011).

A presença de uma simbiose de probióticos e prebióticos no iogurte torna-o um alimento altamente funcional (Champagne e Gardner, 2012). A simbiose "afecta beneficamente o hospedeiro, melhorando a sobrevivência e a implantação de suplementos alimentares microbianos vivos no trato gastrointestinal, estimulando seletivamente o crescimento através da ativação do metabolismo de uma ou de um número parcial de bactérias promotoras de saúde" (Dirienzo 2011).
Amer e Mero (2000) afirmaram que o equilíbrio microbiano é um fator importante na manutenção da homeostase intestinal, suplementação microbiana viva iogurte como um leite fermentado. Tem sido proposto como alimento saudável para controlar a diarreia resultante da má absorção de lactose, a diarreia aguda biológica e bacteriana, bem como a diarreia relacionada com antibióticos.

Não existe qualquer registo real sobre a origem do iogurte, mas a sua existência tem atravessado muitos anos e civilizações, podendo ser aproximada a seis mil anos. Acredita-se que o iogurte era muito popular entre os povos nómadas da era medieval. Por exemplo, escrito no século XIth , a utilização de iogurte pelos antigos turcos está registada nos livros "Divan Lugati't Turk" de "Kasgarl Mahmut" e "Kutadgu Bilig" de "Yusuf Has Hacib". A palavra "iogurte" deriva possivelmente da palavra turca "jugurt", que apareceu pela primeira vez no século VIII (Rasic *et al.,* 1978), utilizada para descrever qualquer alimento fermentado com um sabor ácido. A palavra "iogurte" é mencionada em diferentes secções e a sua utilização pelos turcos nómadas é descrita em ambos os livros. Estes nomes incluem Dahi ou Dahee na Índia, Roba no Iraque, e Fiili na Finlândia

(Tamime *et al.,* 1980) e vários outros. Historicamente, o iogurte era produzido através da fermentação do leite com microrganismos originais (Anon *et al.,* 2007).

Métodos semelhantes foram utilizados pelos turcos, arménios e egípcios, bem como por outras sociedades. Cada sociedade encontrou os métodos de conservação mais adequados às suas necessidades, por exemplo, a salga e a secagem, o aquecimento durante algumas horas em lume brando de um tipo especial de madeira a que chamavam iogurte fumado, ou a conservação do iogurte salgado e seco em azeite ou sebo. Outro método utilizado pelos turcos, libaneses, sírios, iranianos e iraquianos consistia em misturar iogurte concentrado com trigo, o que se designa por kishk (Rasic *et al.,* 1978:).

A produção de iogurte aumentou devido à sua popularidade no que diz respeito aos valores nutricionais e terapêuticos. Recentemente, o iogurte foi tremendamente popularizado na Europa pelo seu tratamento da diarreia, sob o domínio do Imperador Francisco I de França. Os métodos de produção ao longo dos anos mudaram pouco a pouco, por exemplo, a recente tendência dos iogurtes de fruta, mas os passos fundamentais continuam a ser os mesmos. As melhorias na investigação científica médica também aumentaram a eficácia nutricional dos iogurtes, resultando na sua popularidade sustentada (Tamime *et al.,* 1980).

2.3 As propriedades físicas e reológicas do iogurte

O iogurte é produzido pela coagulação do leite com ácido lático que leva o leite à gelificação devido à desestabilização ácida do sistema proteico. A textura é um dos mecanismos essenciais da qualidade do iogurte e descreve os atributos reológicos e estruturais perceptíveis por meio de receptores mecânicos, físicos e visuais (Sodini *et al,.* 2010).

A reologia alimentar envolve o estudo do fluxo e distorção dos componentes alimentares (Haque, *et al,.* 2001). A consistência, o grau de fluidez e outras propriedades mecânicas são importantes para compreender até que ponto os alimentos podem ser armazenados, até que ponto se manterão estáveis e para determinar a textura dos alimentos, o que afecta principalmente a adequação do produto alimentar pelo comprador. O iogurte apresenta uma variedade de efeitos não-Newtonianos que incluem afinamento por cisalhamento, pressão de rendimento, viscoelasticidade e condição de tempo. O iogurte pronto é um líquido viscoelástico (Truong & Daubert, 2012).

A viscoelasticidade é um sinal de que existem algumas propriedades elásticas no material, algumas das propriedades do fluxo de um fluido viscoso. As propriedades viscoelásticas são afectadas pela concentração de matéria. Também no iogurte, um afinamento por cisalhamento é um efeito em que a viscosidade de um fluido (a medida da resistência de um fluido ao escoamento) diminui com uma taxa crescente de tensão de cisalhamento e depende do tempo (Barnes & Nguyen, 2010). A reologia de placas é um método muito utilizado para definir o fluxo, a deformação e a qualidade do iogurte.

2.4 Medicamentos à base de plantas

A medicina à base de plantas, por vezes designada por Herbalismo ou Medicina Botânica, é a utilização de ervas para fins terapêuticos. A medicina herbal é a forma mais antiga de cuidados de saúde conhecida pela humanidade. As ervas têm sido utilizadas por todos os princípios ao longo do passado. A erva é uma planta ou parte de planta valorizada pelas suas qualidades terapêuticas, aromáticas ou saborosas. As plantas herbáceas produzem e cobrem uma variedade de materiais químicos que actuam sobre o corpo. A fitoterapia é um tipo de medicina alternativa que se inventa a partir de plantas e extractos de plantas, utilizada para curar infecções e doenças e para tratar preocupações mentais, os remédios à base de plantas existem há muito tempo e foram a origem da medicina recente. Muitas moléculas derivadas de plantas revelaram um efeito promissor na terapêutica (Lokhande *et al.*, 2007). As especiarias e as ervas aromáticas estão documentadas como fontes de antioxidantes normais, desempenhando assim um papel fundamental na quimioprevenção de doenças e do envelhecimento. Entre as plantas investigadas até à data, por definição, o uso "tradicional" de medicamentos à base de plantas sugere uma utilização histórica substancial, e isto é certamente verdade para muitos géneros alimentícios que estão disponíveis como "medicamentos tradicionais à base de plantas" (Shaw, 2009). Embora em alguns países os medicamentos à base de plantas estejam sujeitos a normas de fabrico rigorosas, o mesmo não acontece em todo o lado. Na Alemanha, por exemplo, em qualquer lugar os produtos à base de plantas são vendidos como "fitomedicamentos".

Os remédios à base de plantas são obtidos a partir de uma grande variedade de recursos naturais que contêm folhas de plantas, cascas, bagas, flores e raízes (Begum *et al.,* 2002). A capacidade dos antioxidantes à base de plantas para actuarem como medicamentos benéficos deve-se ao seu baixo custo e poucos efeitos secundários. Os constituintes nutricionais podem ser úteis se tiverem origem na proteção contra os efeitos nocivos dos metais pesados, uma vez que são geralmente adequados, não acrescentam uma substância externa adicional ao organismo e podem ser utilizados com segurança sem manifestações venenosas. (Yogisha, e Raveesha, 2009)

As plantas medicinais são úteis tanto para fins terapêuticos como para a cura de doenças humanas devido à presença de componentes fitoquímicos (Nostro *et al.,* 2010). Os fitoquímicos estão naturalmente presentes nas plantas medicinais, folhas, legumes e raízes que possuem mecanismos de segurança e proteção contra várias doenças. Os fitoquímicos são compostos principais e secundários. A clorofila, as proteínas e os açúcares comuns estão incluídos nas partes primárias e os compostos secundários têm terpenóides, alcalóides e complexos fenólicos (Krishnaiah *et al.*, 2012). Os terpenóides revelam diferentes acções farmacológicas importantes, ou seja, anti-inflamatórias, anticancerígenas, antimaláricas, reserva da síntese de colesterol, actividades antivirais e antibacterianas (Mahato e S1n 2008).

Os terpenóides são muito importantes no interesse dos ácaros benéficos e consomem os escaravelhos herbívoros (Kappers *et al.*, 2011). Os alcalóides são utilizados como agentes de beleza e encontram-se em plantas medicinais (Herouart *et al.*, 1988).

Dorman e Deans, (2000) referiram que os polifenóis são frequentemente mencionados como "compostos fenólicos". Constituem uma categoria atual grande e diferente de moléculas fisiologicamente dinâmicas nas plantas medicinais. Todos os polifenóis têm uma coisa em comum, que é o comportamento de uma estrutura anelar aromática com dois ou mais grupos hidroxilo. Isto explica o nome polifenol, que é a abreviatura de fenol poli-hidroxilado. Alguns autores escreveram que a caraterística essencial de um polifenol são dois ou mais anéis fenólicos.

Konstantinos *et al*, (2012) informaram que, na produção de um novo iogurte bioativo enriquecido com extrato de ervas, os polifenóis afirmaram que, em primeiro lugar, há um período de atraso em qualquer lugar onde a cultura de aperitivo não é afetada pelos polifenóis, embora numa segunda fase, após 2-3 horas, o valor do pH das amostras A, B contendo os polifenóis simples e capturados, respetivamente, diminua mais rapidamente do que o valor do pH da amostra C sem polifenóis. Este facto proporciona uma melhor fortificação contra a impureza microbiológica e a deterioração das amostras A e B. Além disso, depois de as amostras de iogurte terem sido colocadas no frigorífico (4 C°), as amostras de iogurte melhoradas com polifenóis A e B tiveram um prazo de validade mais longo, enquanto o controlo foi estragado por bolores em menos de 24 dias de armazenamento. Estes resultados apoiam a hipótese de que a presença de polifenóis básicos ou encapsulados no iogurte proporciona proteção ao produto, em primeiro lugar devido a uma descida mais rápida do pH e, mais tarde, desacelerando o avanço dos bolores no produto.

Salwa *et al,*. (2004) afirma que a inibição do desenvolvimento de bolores e leveduras no iogurte de cenoura pode ser atribuída à ação da isocumarina que se encontra certamente presente na planta. Pode ser devido à ação da riboflavina naturalmente presente no líquido de cenoura. Por outro lado, o sumo de cenoura elevado inibiu o crescimento de bolores, leveduras e coliformes, ao passo que *Lactobacillus bulgaricus* e *Streptococcus thermophillus* não foram afectados de forma significativa (P>0,05). Em suma, a cenoura é benéfica para a saúde pública e utilizada como complemento alimentar vitaminado.

2.4.1 *Piper cubeba*

O género Piper pertence à família Piperaceae e tem mais de 1000 espécies espalhadas pelos hemisférios, em qualquer lugar onde cresçam no uso de ervas erectas ou (trepadeiras), arbustos, ou, menos normalmente, árvores. Nos trópicos, os membros do género Piper são utilizados para diversos fins, tais como alimentos e especiarias, isco para peixes, veneno para peixes, alucinogénios, insecticidas, óleos, ornamentos, perfumes e para numerosos medicamentos (Joly 1981; Barrett, 2011). O resumo fitoquímico dos tipos de Piper é considerado pelo fabrico de classes habituais de misturas, como amidas, ácidos benzóicos e cromenos, além de terpenos, fenilpropanóides, lignanas, fenólicos adicionais e uma série de alcalóides (Jensen *et al.*, 1993; Wu *et al.*, 2011; Parmar *et al.*, 2013).

A espécie *Piper cubeba* L., reconhecida no Brasil como "pimenta de Java" e em inglês como Cubeb pepper, é uma planta medicinal popular que tem sido amplamente utilizada na Europa desde a Idade Média, bem como em várias nações, incluindo Índia, Indonésia e Marrocos. Os frutos são utilizados como especiaria e também têm sido utilizados para o tratamento de dores abdominais, asma, diarreia, disenteria, gonorreia, enterite e sífilis (Sastroamidjojo, 2009) e também foi registado um efeito inibidor da protease do vírus da hepatite C (Januario *et al.*, 2002).

Choi e Hwang (2003) afirmam que verificaram acções anti-inflamatórias e analgésicas significativas do extrato de metanol dos frutos de *P. cubeba*. Tendo em conta o potencial uso benéfico dos extractos de *P. cubeba* e a falta de dados sobre a sua toxicidade genética em eucariotas, o estudo em As especiarias e as ervas aromáticas estão documentadas como fontes de antioxidantes naturais, desempenhando assim um papel significativo na quimioprevenção de doenças e do envelhecimento. Entre as plantas investigadas até à data, uma que apresenta um enorme potencial é a família da pimenta, também conhecida como Piperaceae (Beard., 2006). Os cirurgiões árabes da Idade Média eram geralmente versados em alquimia, e o cubebe era utilizado, sob o nome de Kababa (Pietta, 2000).

Estudos adicionais especificaram a propriedade antifertilidade de *P. cubeba* Vijayakumar, *et al.,* (2004). Por outro lado, não foi aprovado o treino exaustivo do efeito da planta em parâmetros reprodutivos diferentes. Posteriormente, muitos estudos foram realizados para avaliar a eficácia antifertilidade de P. longum e para estudar vários parâmetros relacionados com a reprodução feminina, a fim de reconhecer o mecanismo complicado na mesma (Sies e Stahl 1995).

Joly (1981) referiu que *a Piper cubeba* é a duas trepadeira com flor da família Piperaceae. A *Piper nigrum* (pimenta preta) é uma trepadeira monóica ou decorosa natural do sul da Índia e do Srilanka e é amplamente cultivada nessas regiões e noutras regiões tropicais. Tem várias utilizações, tais como o alívio da dor, o reumatismo, os tremores, a gripe, as constipações, as dores musculares e a febre. Externamente, é utilizada como rubefaciente e como tratamento local para dores de cabeça, garganta e algumas doenças de pele. Possui propriedades antimicrobianas, Dorman e Deans (2000). Tem propriedades antimutagénicas e antioxidantes e de eliminação de radicais (Lokhande *et al.*, 2007),

O cubebe (*Piper cubeba*) é uma planta do género Piper, cultivada pelo seu fruto e óleo essencial. É cultivada principalmente em Java e Sumatra, sendo por vezes designada por pimenta de Java. Trata-se de uma planta herbácea habitual, com um caule trepador, ramos redondos, impenetráveis como uma pena de ganso, de cor cinza e com raízes nas articulações. As folhas têm de quatro a seis polegadas e meia de comprimento por uma polegada e meia a duas polegadas de largura, ovado-oblongas, acuminadas e muito niveladas. As flores são agrupadas em espinhos na extremidade dos ramos; o fruto é uma baga um pouco mais comprida do que a da pimenta preta. É utilizada para tratar a gonorreia, a disenteria, a sífilis, as dores abdominais e a asma (Eisai, 1995). Na medicina tradicional chinesa, o cubebe é utilizado pela sua alegada propriedade de aquecimento. Na medicina tibetana, o cubebe é uma das drogas bzangpo, seis ervas finas benéficas para órgãos específicos do corpo, sendo o cubebe atribuído ao baço (Lokhande *et al.*, 2007).

Jensen *at el al*, (1993) confirma que a piperina é utilizada em acções anti-inflamatórias, anti-maláricas e anti-leucémicas. Os estudos medicinais actuais revelaram que a piperina contribui para aumentar a absorção de vitaminas seguras, selénio, β-carteno, aumentando também a ação termogénica natural do organismo. As bagas secas de cubebe contêm um óleo essencial constituído por monoterpenos (sabineno 50%, α-thujeno e carene) e sesquiterpenos (cariofileno, copaeno, α- e β-cubebeno, δ- cadineno, germacreno), os óxidos 1,4- e 1,8-cineol e o álcool cubebol. Cerca de 15% de um óleo volátil é obtido por destilação de cubebenos com aquático. O cubebeno, a parte líquida, tem a fórmula $C_{15}H_{24}$, (Luo, *et al*,. 2004).

2.4.2 *Zingiber officinale*

O Zingiber officinale, normalmente designado por gengibre, pertence à família Zingiberaceae. O gengibre contém as raízes frescas ou secas de *Zingiber officinale*. O botânico inglês William Roscoe (1753-1831) deu à planta o nome de *Zingiber officinale* numa publicação de 1806. A família do gengibre é uma coleção tropical especialmente abundante na Indo_Malásia, constituída por mais de 1200 tipos de plantas em 53 géneros. O género *Zingiber* abrange cerca de 85 tipos de ervas aromáticas desde o leste da Ásia e da Austrália tropical. O nome do género, *Zingiber*, provém de uma palavra sânscrita que significa "em forma de chifre", devido às saliências no rizoma (Bisset e Wichtl 2012).

Ali, (1998) afirma que existe uma série de variações comerciais do gengibre. O gengibre nigeriano tem uma cor mais preta, um tamanho pequeno e um sabor mais picante. O gengibre de Cochin é habitualmente maior, bem gasto, contém mais amido e parte-se com uma fratura mais curta. O gengibre africano tem uma cor mais escura, um sabor mais forte e menos sabor do que o gengibre da Jamaica. A planta do gengibre é propagada por estacas de rizoma, cada uma com um botão. (Adeeko *at el.*, 1998) diz que os buracos são feitos em março e abril num solo argiloso bem drenado. Em dezembro ou janeiro, os rizomas não são movidos. O gengibre necessita de uma atmosfera quente e húmida. Para a sua cultura é necessária uma precipitação bem dispersa. A planta é um caule subterrâneo (rizoma) atado, espesso e bege que tem sido utilizado na medicina tradicional para ajudar a digestão e tratar problemas de estômago, diarreia, náuseas e artrite durante séculos. Para além destas utilizações medicinais, o gengibre continua a ser valorizado em todo o mundo como uma importante especiaria para a preparação de alimentos e pensa-se que ajuda na constipação comum, nos sintomas de gripe, nas dores e até nas dores menstruais. Atualmente, a raiz de gengibre é amplamente utilizada como um auxiliar digestivo para problemas estomacais ligeiros e é comummente utilizada por profissionais de saúde para ajudar a evitar ou tratar náuseas e vómitos relacionados com enjoos, gravidez e tratamento de quimioterapia contra o cancro (Brask *et al,.* 1988; Bone *et al,* 1990; Sripramote *et al,.* 2003).

O gengibre é utilizado como manutenção em situações inflamatórias como a artrite e pode mesmo ser utilizado em doenças cardíacas (Bhandari *et al,.* 2011) ou anti-cancerígenas (Katiyar *et al,.* 2010). Pensa-se que os constituintes activos importantes da raiz de gengibre são os óleos voláteis e os compostos fenólicos pungentes, como os gingeróis, os shogaóis, a zingerona e os gingeróis (Zancar *et al.*, 2002). Embora o resultado benéfico do gengibre tenha sido quebrado, pouca pesquisa foi mostrada sobre sua atividade nas funções reprodutivas masculinas, exceto um estudo que relatou que *Z. Officinale* desfruta de propriedade androgênica (Kamtchouing *et al,.* 2012).

Evans (2002) afirmou que o componente químico do gengibre se deve ao gingerol, um líquido oleoso que contém fenóis homólogos. É formado na planta a partir da fenilalanina, do malonato e do hexonato. No rizoma de gengibre fresco, os gingeróis foram reconhecidos como os principais constituintes vivos e o gingerol [5-hidroxi-1-(4-hidroxi-3-metoxi-fenil) decan-3-ona] é o constituinte mais abundante da série de gingeróis. O rizoma em pó contém 3-6% de óleo gordo, 9% de proteínas, 6070% de hidratos de carbono, 3-8% de fibra bruta, cerca de 8% de cinzas, 9-12% de água e 2-3% de óleo volátil. O óleo volátil é constituído principalmente por mono e sesquiterpenos; canfeno, betafelandreno, curcumeno, cineol, geranial. A importância nutritiva do Novo gengibre contém 80,9% de humidade, 2,3% de proteínas, 0,9% de gordura, 1,2% de minerais, 2,4% de sesquiterpenóides (β sesquiphellandrene, O rizoma também contém diterpenos e genglicolípidos A, B, (Anónimo 2013). A fibra e 12,3% de hidratos de carbono. Os minerais presentes no gengibre são o ferro, o cálcio e o fósforo. Também contém vitaminas como a tiamina, riboflavina, niacina e vitamina C. A composição varia com o tipo, variedade, condições agronómicas, métodos de cura, secagem e condições de armazenamento (Govindarajan 2012)

2.4.3 *Panax ginseng*

Os remédios à base de plantas conhecidos como "ginseng" baseiam-se nas raízes de várias espécies distintas de plantas, principalmente o ginseng coreano ou asiático (*Panax ginseng*), o ginseng da Sibéria (Eleutherococcus senticosus) e o ginseng americano (*Panax quinquefolius*). Todas estas espécies pertencem à família das plantas Araliaceae, mas cada uma delas tem efeitos específicos no organismo. Os produtos de ginseng são geralmente referidos como "tónicos", um termo que foi alterado por "adaptogénicos" em grande parte da literatura sobre outra medicina. O termo "adaptogénio" conota um agente que declaradamente "aumenta a resistência a factores físicos, químicos e biológicos e aumenta a vitalidade geral, incluindo a capacidade física e mental para o trabalho". Robbers (1999). Os produtos de *Panax ginseng da* Over-the-Hostage contêm Celestial Seasonings Ginseng, Centrum Herbals Ginseng e Korean Ginseng da Nature's Way, Chinese Red *Panax Ginseng* da Nature Made, Pharmaton's Ginsana e PhytoPharmica's Ginseng Phytosome. *O Panax ginseng* é uma das espécies de ginseng geralmente utilizadas e muito estudadas. Esta espécie, originária da China, da Coreia e da Rússia, continua a ser um importante medicamento à base de plantas na medicina tradicional chinesa há milhares de anos, em qualquer lugar onde tenha sido utilizada principalmente como um uso para o desmaio e a fadiga (Engels e wirth 1997).

Sotaniemi *et al.* (1995) explicam que as principais causas activas do *Panax ginseng* são os ginsenósidos, que são saponinas triterpénicas. Estes são os compostos para os quais alguns produtos de ginseng são atualmente normalizados. O ginseng é geralmente tomado por si só ou com uma fórmula à base de ervas para melhorar o ato sexual na medicina tradicional chinesa, os efeitos benéficos foram metodicamente avaliados e completados em meta-análises de ensaios clínicos aleatórios, (Jang. *at el,.* 2008) o estudo em 60 homens com disfunção erétil também declarou um desenvolvimento marcado na função erétil, incluindo rigidez, penetração e preservação da montagem após cativar o ginseng vermelho coreano (1G) três vezes ao dia durante 12 semanas, (Jang. *at el,.* 2008) a evidência inicial de que o ginseng pode ter efeitos úteis na espermatogénese foi publicada pela primeira vez em 1977, estabeleceu que o resultado estimulante dos extractos de ginseng no ADN e na síntese de proteínas nos testículos animais, Rolland *et al,.* (2013). Estudos futuros, tanto em roedores como em humanos, mostraram que o ginseng pode aumentar a contagem de espermatozóides. Os ratos tratados com ginseng estabeleceram uma melhoria nos ratos da espermatogénese através do aumento da aparência do fator neurotrófico derivado das células gliais (GDNF) nas células de Sertoli (Yang, *et al,*. 2011).

Tsai e Chiao (2003) referiram que a evidência inicial de que o ginseng pode ter efeitos positivos na espermatogénese foi publicada pela primeira vez em 1977. Foi aí que se estabeleceu o efeito estimulante dos extractos de ginseng na síntese de proteínas nos testículos de ratos. Alguns estudos, tanto em roedores como em seres humanos, mostraram que o ginseng pode aumentar a contagem de espermatozóides. Os ratos tratados com ginseng demonstraram um aumento da espermatogénese animal através do aumento da expressão do fator neurotrófico derivado das células gliais (GDNF) nas células de Sertoli, (Dodson *et al.*, 2012).

Dale e Elder (1997) explicaram que a energia sexual nos mamíferos superiores inclui os constituintes hormonais e neuronais. O esteroide sexual masculino, a testosterona, é produzido na célula de Leydig sob a ação da hormona luteinizante (LH), que é produzida pela pituitária anterior.

2.5 Cádmio

O cádmio é um elemento que se encontra naturalmente na casca da terra. Normalmente começa como uma junção mineral através de outros elementos como o oxigénio (óxido de cádmio), cloro (cloreto de cádmio), ou enxofre (sulfato de cádmio, sulfureto de cádmio) (ATSDR, 1999). A maior parte do cádmio é extraído durante a produção de outros metais, como o zinco, o chumbo ou o cobre (produto da extração e fundição do chumbo e do zinco). O cádmio é muito utilizado na indústria e em produtos de consumo, principalmente em baterias de níquel-cádmio, plásticos de PVC e pigmentos de tinta.

O contacto agudo com o cádmio ocorre geralmente no local de trabalho, particularmente nos processos industriais de baterias e pigmentos de cor utilizados em tintas e plásticos, bem como em processos de galvanoplastia e galvanização (Jayaprakasha e Heimeir, 2012). Em amostras de urina, o CDC, (2005) relata que um nível médio geométrico de cádmio urinário de 0,32μg/l em pessoas com 6 anos de idade ou mais.

A Agência de Proteção Ambiental, (1998) reconheceu um nível máximo de poluente (MLp) de 0,005 ppm para o cádmio na água potável, 0,01-1 μg/L na água subterrânea, enquanto que pode chegar a 1140 μg/L na água da torneira perto de áreas poluídas. (Thorton, 2010) mostrou que a concentração de 0,01-0,5 ppm em rios e lagos.

Foi afirmado que o nível de cádmio na água do mar pode chegar a 2900 μg/l (Sadiq 1989). A semi-vida biológica do cádmio depende de muitas razões, como o tipo de animal, a idade e os níveis de via, o composto de cádmio e os factores de interação OMS, (1992). Nomiyama, *et al.* (2000) refere que a semi-vida biológica do cádmio em ratos é de algumas semanas, mas pode atingir 22 anos em macacos. A semi-vida biológica no ser humano é de cerca de 30 anos (Murphy *et al.*, 1998).

2.5.1 Fontes de cádmio

O cádmio encontra-se nos solos, uma vez que na agricultura são utilizados insecticidas, fungicidas, lamas e estimulantes comerciais que incluem cádmio. Cádmio

pode ter origem em reservatórios que contêm marisco. O tabaco também contém cádmio. As fontes de exposição menos conhecidas são as ligas dentárias, a galvanoplastia, o óleo de motor e os gases de escape. A inalação é responsável por 15-50% da absorção através do sistema respiratório; 2-7% do cádmio ingerido é absorvido pelo sistema gastrointestinal.

Os tecidos são o fígado, a placenta, os rins, os pulmões, o cérebro e os ossos (International Programme on Chemical Safety-IPCS, 1992). Assim, o cádmio pode ser encontrado na poluição atmosférica, materiais de arte, farinha de ossos, fumo de cigarro, alimentos (chocolate, frutos e legumes cultivados em solos carregados de cádmio, carnes, rins, fígado, aves de capoeira ou alimentos refinados), peixes de água doce, fungicidas, poeiras de auto-estradas, incineradores, minas, baterias de níquel-cádmio, poeiras de óxidos, tintas, compostos de fosfatos, centrais eléctricas, marisco (caranguejo, solha, mexilhões, ostras, vieiras), lamas de depuração, água "amaciada", instalações de fundição, tabaco e fumo de tabaco e vapores de soldadura (Noonan *et al.*, 2002; WHO/UNECE, 2006). A EPA dos EUA determinou que o cádmio é um provável veneno humano por inalação (ATSDR, 1999). O tabaco é uma fonte significativa de aceitação de cádmio nos fumadores, uma vez que as plantas de tabaco, tal como outras plantas, acumulam cádmio a partir do solo. Exposição profissional - A principal via de revelação do cádmio no meio industrial é a área respiratória. As absorções atmosféricas de poeiras de cádmio variam significativamente entre indústrias diferentes, tais como fundições e fábricas de corantes (Jarup *et al.*, 1998).

2.5.2 Toxicidade para o sistema reprodutor do cádmio

O cádmio provocou uma diminuição significativa do número de células de Sertoli e de Leydig em ratos tratados com 2,8 mg/kg de massa corporal após 12 dias de dose (Caflisch e Dubose, 2011).

Swiergosz *et al.* (1998) relataram uma diminuição importante do nível de testosterona em ratos machos tratados oralmente com 15 e 40 mg/kg durante 3 e 6 meses, respetivamente. Enquanto Lafuente, *et al.* (2001) registaram uma diminuição significativa do nível de testosterona em ratos machos tratados oralmente com 50 µg/l de cloreto de cádmio durante 30 dias antes da maturação.

Michael *et al.* (2004) afirmaram que o resultado do cádmio na ligação da LH e da FSH em células da granulosa isoladas, o pré-tratamento com protestantes dos grupos SH (glutationa GSH, ditiotretol DTT) e zinco causou uma melhoria na atividade enzimática, enquanto o pré-tratamento com Zn apresentou um aumento na ligação da gonadotropina em células expostas ao metal. A ingestão de alimentos ou de água poluídos com níveis muito elevados de cádmio irrita gravemente o estômago, provocando enjoos e diarreia. Os ratos que ingerem ou bebem cádmio por vezes sofrem de hipertensão arterial, sangue com falta de ferro, doenças hepáticas e lesões nervosas ou cerebrais (CDC, 2005). Não se sabe se os seres humanos que comem ou bebem cádmio contraem alguma destas doenças (OMS, 2006).

O processo de espermatogénese e todos os outros aspectos da função reprodutiva masculina dependem da presença de hormonas reprodutivas criadas pelo hipotálamo, pela pituitária anterior e pelo testículo (Tilbrook e Clarke, 2013). A falha de qualquer componente deste eixo resultará em infertilidade e perda de características sexuais secundárias. Além disso, este eixo está sujeito a uma regulação de feedback através da qual os vários níveis são controlados (Ogawa *et al.*, 2009). A hormona folículo-estimulante e a testosterona (T) actuam através das células de Sertoli, uma vez que os receptores para estas hormonas estão localizados nestas células e não nas células germinativas (Verhoeven *et al.*, 2007). Além disso, a FSH e a T são importantes para a obtenção de uma espermatogénese quantitativa completa (De Krester, 2012). As funções testiculares estão sujeitas a um feedback complexo controlado pelo sistema hipotálamo-hipófise.

2.6 Sistema reprodutor masculino

O sistema reprodutor masculino é composto pelo saco escrotal, testículos, canais genitais, glândulas acessórias e o pénis. Cada testículo encontra-se dentro do saco escrotal, que é coberto por uma cápsula de tecido conjuntivo fibroso espesso, denominada túnica albugínea, que serve de escudo protetor. A partir desta estrutura, finos septos imperfeitos dividem o testículo de forma incompleta em cerca de 250 lóbulos testiculares (Suckow *et al.*, 2001).

Dentro de cada lóbulo, encontram-se de um a quatro túbulos seminíferos altamente convolutos, formando alças. As extremidades terminais estendem-se como extensões tubulares rectas, denominadas extensão tubular ou tubuli recti, passando para o mediastino do testículo e juntando-se a uma rede anatomizante de túbulos denominada rete testis a partir da rete testis no ser humano, uma série de seis a doze ductos eferentes finos juntam-se para formar o ducto do epidídimo (Dekrester, 2012).

3.1.1 Instrumentos

Os instrumentos e reagentes químicos utilizados são apresentados nos quadros 3-1 e 3 2 como abaixo:

Tabela (3-1): Instrumentos e equipamentos utilizados nos ensaios e análises.

No.	Equipment	Model and Company
1	Balance	Mettler-Toledo / China
2	Centrifuge	Sigma / Germany
3	Electronic balance	England
4	Eppendorf centrifuge	Universal 16 A, Germany
5	Freeze dryer	ALPHA 1–4 (CHRIST) / Germany
6	Hot plate stirrer	IKA RH basic 2 / Germany
7	Incubator	Lab Teach (Lcc-150 sp) / Korea
8	Micro pipette	Dixous - Japan
9	Muffle furnace	CARBOLITE (CWF 12/13)/ England
10	Neubauer haemocytometer	Sigma / Germany
11	pH meter	Inola pH 720(wtw) / Germany
12	Rotary Evaporator	England
13	Rotary microtome	Leitz Wetzer, rm 2145 - Germany
14	Spectrophotometer	Shimadzu , Japan
15	Texture analyzer	CT3 4500 Brookfield / USA
16	Vacuum pump	Vacuum brand / Germany
17	Viscometer	Brookfield DV-E viscometer / USA
18	Vortex	IKA MS2 Minishaker / USA
19	Water bath	IKA HB4 basic / Germany

Tabela (3-2): Reagentes químicos utilizados nas experiências:

No.	Chemicals	Supplier
1	Ascorbic Acid	Germany
2	Cadmium Chloride	Purity 97% -BDH -England
3	Catchol	Germany
4	Distilled Water	Chemistry department
5	DPPH	Germany
6	Eosin & Nigrosin Stains	Analar-BDH -England

7	Ethanol 99.9%	Hayman-England
8	Folin- Cioculate Reagent	England
9	Formaldehyde	Analar -Fluka -Switzerland
10	Free Testosterone Kit	Monobind, USA
11	FSH Kit	Monobind, USA
12	H_2O_2	Scharlau-Spain
13	HNO_3	Scharlau-Spain
14	Hydrochloric Acid 35.4%	-BDH -England
15	Hydrogen Peroxide	Analar-BDH -England
16	LH Kit	Monobind, USA
17	NaCl	Scharlau-Spain
18	NaOH	Scharlau-Spain
19	Normal Saline	Scharlau-Spain
20	Paraffin Wax	BDH -England
21	Phenolphthalein	Germany
22	Sodium Carbonate	Analar-Fluka-Switzerland
23	Sodium Citrate	Analar-BDH -England
24	Toluene	Analar -Fluka -Switzerland
25	Xylene	Sigma chemical -USA

3.2 Metodologia

3.2.1 Preparação de soluções químicas:

3.2.1.1 Solução de hidróxido de sódio

A solução de NaOH foi preparada numa concentração de 0,1N e utilizada para determinar a acidez do iogurte.

3.2.1.2 Indicador de fenolftaleína:

Preparado por dissolução de 0,1 g do reagente em 100 ml de álcool etílico com uma concentração de 95% (AOAC, 1992).

3.3 Recolha e preparação de amostras de plantas:

Zingiber officinale (rizomas), *Peper cubeba* (fruto) e raízes de *Panax ginseng* (rizomas) foram recolhidos aleatoriamente nos mercados locais da cidade de Sulemani, no Iraque. Todas as plantas foram adquiridas no seu estado fresco e não transformado. Os rizomas foram cuidadosamente lavados com água da torneira. A pele exterior clara foi raspada com uma faca sem corte e depois cortada em pequenos pedaços. Todas as amostras preparadas foram secas numa estufa de circulação de ar no laboratório e moídas manualmente até ficarem finas, utilizando um moinho. Os pós de cada amostra de planta foram armazenados num saco de celofane hermético como amostra de reserva num frigorífico até serem necessários para análise. Todo o trabalho analítico foi efectuado no laboratório do Departamento de Química da Universidade de Garmian, Kalar, Iraque.

3.3.1 Preparação do extrato bruto de plantas:

A preparação da extração de água foi realizada de acordo com (Demin , 2010) 50 gm. de frutos secos em pó de *P. cubeba* , *Zingiber officinale,* e raízes de *Panax ginseng* (rizomas) foram extraídos sucessivamente com água destilada dupla (400ml.) durante 24 horas. Em seguida, as soluções recolhidas foram filtradas com papel de filtro Whatman n.º 1. Os extractos foram evaporados até à secura a 40 C^0 por evaporador de vácuo rotativo para obter os respectivos extractos e armazenados a -40 C° até serem utilizados para análises posteriores.

3.3.2 Determinação dos minerais nos extractos vegetais

Amostras (1 g) de material vegetal seco e moído foram pesadas em frascos Kjeldahl de 100 ml contendo uma esfera de vidro. As amostras foram digeridas com 5 ml de HNO3, e digeridas com H2O2 após a adição de 5 ml de HNO3 e H2O2, de acordo com o método relatado por Gorge (1973). Após a digestão, foram adicionados a cada balão cerca de 50 ml de água desmineralizada destilada e o conteúdo foi levado quase à ebulição para assegurar a dissolução completa da amostra, com exceção da sílica. As amostras foram arrefecidas, diluídas para 50 ml e filtradas.

Os minerais foram determinados de acordo com Khan *et al.* (2014). O espetrómetro de emissão ótica com plasma indutivamente acoplado (ICP-OES) era um CCD simultâneo Varian 730-ES (shmatzu, Japão) com um nebulizador concêntrico Sea Spray (Glass Expansion, Pocasset, MA) e uma câmara de pulverização ciclónica. Após a leitura de um branco, de uma solução padrão e de uma solução de amostra, na gama de comprimentos de onda programada, os comprimentos de onda de correção de fundo foram seleccionados manualmente em posições adequadas para cada análise. A configuração do instrumento e as condições experimentais gerais estão resumidas na Tabela (3-3).

Tabela (3-3): Condições ICP-OES para a determinação de elementos em extractos de plantas:

Gerador de radiofrequência Frequência,	MHz 27,12
Potência de radiofrequência,	kW 1,3

Câmara de pulverização	Ciclónico
Modo de visualização de plasma	Axial
Modo de processamento	Área
Caudal de gás árgon, L=min	Plasma (16), Auxiliar (1,5),

Nebulizador (0,94)

Atraso de leitura,	s 30
Enxaguar,	s 30
Metal (Comprimento de onda, nm)	De acordo com cada mineral

3.4 Estimativa do fenol total:

O fenol total foi estimado de acordo com Kim *et al.* (2003). Tomou-se 0,2 g da amostra, triturou-se em 10 vezes o seu volume com etanol a 80% e colocou-se numa centrífuga durante 20 minutos a 11000 g., depois o filtrado foi separado do precipitado, este processo foi repetido 5 vezes e em cada uma delas centrifugou-se durante 20 minutos a 11000 g., depois disso, a solução recolhida foi filtrada e seca num evaporador rotativo sob baixa pressão a 40°C, depois o resíduo foi dissolvido com água destilada (5ml), tamanhos diferentes de ambas as amostras (0,2-2ml) e colocado nos tubos de ensaio, depois o volume foi completado para 3ml com água destilada, 0.Adicionou-se 5 ml de reagente de folina-cioculado a cada tubo de ensaio, após 3 minutos adicionou-se 2 ml de Na2Co3 20% a cada tubo de ensaio e misturou-se bem, todos estes tubos de ensaio foram colocados no banho de água (100 C°) durante 1 minuto, depois arrefeceram e leram a absorção por espetrofotómetro no comprimento de onda de 650 nm, depois estas leituras foram fixadas na curva padrão de catchol.

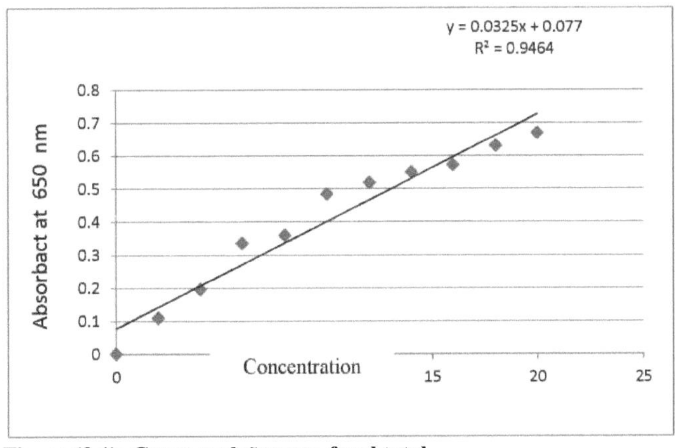

Figura (3.1): Curva padrão para fenol total

3.5 Atividade antioxidante:

3.5.1 Preparação da curva padrão:

A preparação da solução padrão foi efectuada segundo o método de Kâhkönen, *et al*, (1999). 50 mg de ácido ascórbico foram pesados e dissolvidos em 50 ml de etanol para obter uma solução de reserva com uma concentração final de 1 mg/ml. A partir da solução-mãe, foram preparadas diferentes concentrações (1, 0,5, 0,25, 0,125, 0,0645 0,032 mg/ml), depois misturadas com uma solução de DPPH (0,002 mg/100 ml) e mantidas durante 30 minutos à temperatura ambiente num local escuro. A absorvância foi lida por espetrofotómetro a 517nm após 30 minutos de reação, para obter uma curva padrão para calcular a atividade de eliminação do radical DPPH e obter IC50 do extrato bruto (a dose necessária para causar uma inibição de 50%).

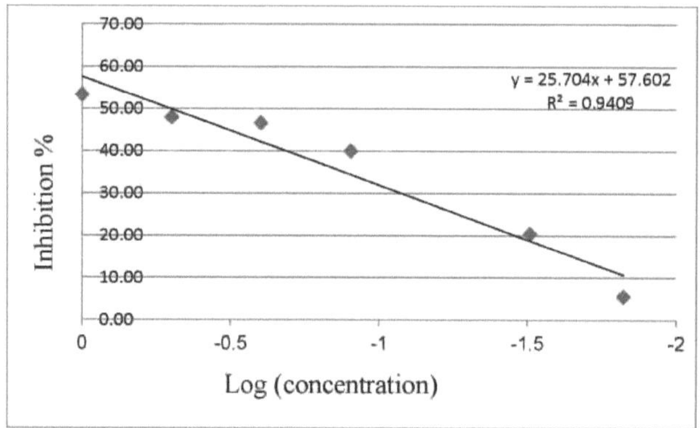

Figura (3.2): Curva padrão para o ácido ascórbico

3.5.2 Preparação da solução de ensaio e protocolo

A estimativa da atividade de eliminação de radicais (atividade antioxidante) foi realizada pelo método de Kâhkönen, *et al*, (1999) com modificações. As concentrações resultantes dos extractos foram preparadas (40μg/mL, 80μg/mL, 120μg/mL, 160μg/mL e 200μg/mL). Uma solução-mãe da amostra (200mg/ml) foi diluída para obter 5 concentrações. Cada concentração foi testada em triplicado. A fração de solução (0,5 ml) foi misturada com 2,5 ml de 0,1 mM de 1,1-Difenil-2-2picrilhidrazil (DPPH, em etanol absoluto a 99%) e deixada em repouso à temperatura ambiente durante 30 minutos. Sob proteção da luz. A absorvância foi medida a 517nm. A atividade de eliminação das amostras corresponde à intensidade de extinção do DPPH. A menor absorvância da combinação de reação indica uma maior atividade de eliminação de radicais livres. A diferença de absorvância entre os testes e o controlo (DPPH em etanol) foi calculada e expressa como (%) de eliminação do radical DPPH. A capacidade de eliminação do radical DPPH foi calculada utilizando a seguinte equação.

Efeito de despistagem (%) = (1-As / Ac) X100

Tal como a absorvância da amostra em t = 0 min.

Ac é a absorvância do controlo em t=30 min.

No teste DPPH, os antioxidantes foram tipicamente caracterizados pelo seu valor IC_{50} (concentração de inibição da amostra necessária para eliminar 50% dos radicais DPPH).

3. 6 Preparação do iogurte, análise físico-química e sensorial:

A análise físico-química, ou seja, sólidos totais, pH, capacidade de retenção de água, análise da textura, sensorial, % de inibição do iogurte e viscosidade, foi estimada utilizando procedimentos normalizados. Cada análise físico-química foi repetida quatro vezes.

3.6.1 Leite de vaca Fonte:

O leite de vaca foi recolhido de animais na aldeia de Siamaro na província de Garmian (cidade de kalar) durante o período de agosto de 2015.

3.6.2 Fermento de cultura de iogurte:

Culturas de arranque mistas liofilizadas contendo as bactérias (*Streptococcus salivarius Sub sp. thermophilus e Lactobacillus delbrueckii Sub sp.bulgaricus*) fornecidas pela France Rhodia Food Company

3.6.3 Fabrico de iogurtes:

O leite de vaca fresco foi aquecido a 85±2 C° durante 30 minutos e depois arrefecido a 42 C° e foram adicionados 3% de fermento préactivado no leite. A amostra de leite inoculada foi distribuída em copos de plástico de 100 ml e incubada a 43±1 C° durante 3-4 horas, sendo depois o iogurte armazenado a 4-5 C° (Tamime e Robinson, 1999).

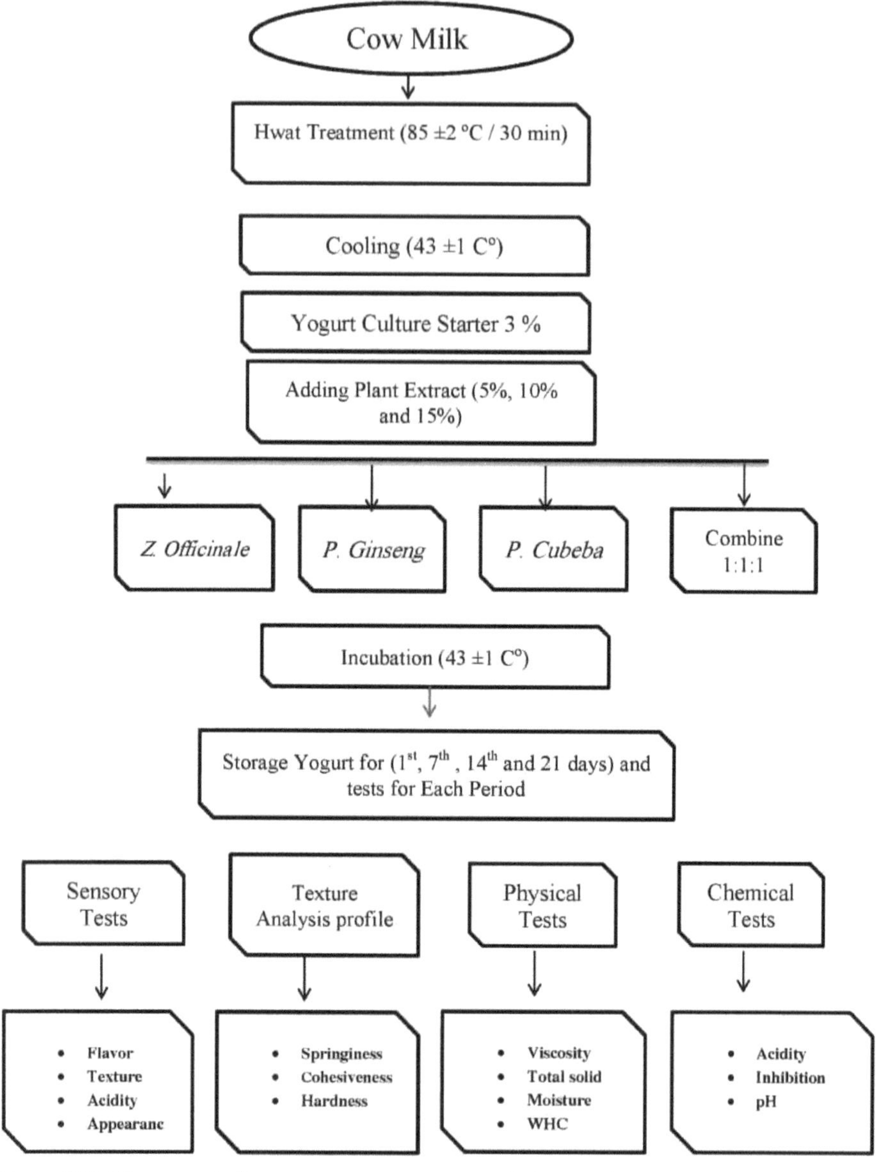

Figura (3.3) Diagrama de fluxo para o processamento de iogurte de ervas

3.6.4 Determinação do teor de humidade:

O teor de humidade dos produtos de iogurte foi determinado de acordo com o método da Association of Official Analytical Chemists (AOAC, 1995). Cada produto de iogurte (10 g) foi colocado numa estufa a 105C° durante 3 horas. A leitura foi efectuada a um peso constante. O teor de humidade foi então expresso como a percentagem (%) do peso seco da amostra.

3.6.5 Determinação dos sólidos totais:

O teor de sólidos totais foi determinado de acordo com a percentagem estabelecida no procedimento (AOAC, 1995).

100 - Teor de humidade

3.6.6 Determinação da acidez titulável

Determinação da percentagem de acidez pelo método (AOAC, 1995)

Reagentes

- Indicador de fenolftaleína

- Hidróxido de sódio padrão (0,1N)

Procedimento

Tomaram-se 90 ml de água destilada e misturaram-se 10 ml de amostra num erlenmeyer de 250 ml com fenolftaleína como indicador. De seguida, colocam-se 50 ml de NaOH 0,1N numa bureta e inicia-se a titulação até se obter o ponto final. Agitámos vigorosamente o balão durante a titulação; o ponto final é a passagem de uma cor menos intensa para rosa claro (presistign durante 30 segundos).

Cálculo

A quantidade de produto de acidez foi calculada através da seguinte fórmula

$$\text{Acidity}\,\% = \frac{90 * N * V}{W}$$

Onde:

V= volume de NaOH 0,1N **W**= peso da amostra N= normalidade do NaOH

3.6.7 Determinação do pH:

O pH do iogurte foi medido com um medidor eletrónico digital de pH (Inolab WTW Series 720, Alemanha). Foram utilizadas soluções-tampão de pH 4 e 7 para calibrar o medidor de pH. A amostra de iogurte foi recolhida num copo e o elétrodo do medidor de pH foi imerso na amostra para determinar o pH.

3.6.8 Determinação da textura:

A avaliação das propriedades texturais foi efectuada com um analisador de textura (CT3(4500), Brookfield engineering lab). As condições de funcionamento foram: um cilindro de plástico artificial (20 mm de diâmetro) foi inserido em cada produto a uma profundidade de 20 mm com um gatilho de 5,0 g e uma velocidade de 1 mm/s (Sherman 1989; Chen e Stokes 2012).

3.6.9 Determinação da viscosidade:

A determinação da viscosidade foi baseada no método de Rawson e Marshall (2007), com algumas modificações. O gel foi quebrado por agitação com uma vareta de vidro (10 vezes no sentido dos ponteiros do relógio; 10 vezes no sentido contrário ao dos ponteiros do relógio). As medições da viscosidade rotacional foram efectuadas com um viscosímetro Brookfield (modelo DV-E; Brookfield Engineering laboratories) utilizando o mandril n.º 7. Cada medição foi efectuada à temperatura ambiente a 100 rpm durante 1 minuto.

3.6.10 Capacidade de retenção de água dos iogurtes:

A capacidade de retenção de água (WHC) foi determinada de acordo com Benezech e Maingonnat (1994) com algumas modificações. As amostras (10g) foram colocadas em tubos de centrífuga Polly Ethylene (Fisher Scientific TUL-750-036J) e centrifugadas durante 20 minutos a 5770g à temperatura ambiente (23 ± 3°C). O sobrenadante foi eliminado e o sedimento foi pesado. A WHC foi determinada utilizando a seguinte equação:

3. 6.11 Preparação de extractos aquosos de iogurte:

Os iogurtes simples e de ervas (10 g) foram homogeneizados com 5 mL de água destilada estéril. O pH dos iogurtes foi determinado e os iogurtes foram acidificados a pH 4,0 com HCl. Os iogurtes acidificados foram então aquecidos num banho de água (45 C°) durante 10 minutos, seguido de centrifugação (5000g, 10 min 4⁻ C). Foi adicionado NaOH (0,1 M) para ajustar o pH do sobrenadante a 7,0. Os sobrenadantes neutralizados foram novamente centrifugados (5000 g, 10 min 4– C) e o sobrenadante foi colhido e armazenado num congelador a– 20 C^0 até ser necessário para análise.

3.6.12 Ensaio DPPH de atividade antioxidante em iogurtes:

A atividade antioxidante do iogurte de ervas foi determinada utilizando o radical estável, 1,1-difenil-2-picrilhidrazil (DPPH), tal como descrito por Brand *et al.*, (1995). Resumidamente, adicionou-se 0,1 ml de extrato de amostra ou padrão a 5 ml de reagente DPPH (0,002 gm em 100 ml de etanol) e agitou-se vigorosamente em vórtice. Os tubos de reação foram incubados no escuro durante 30 minutos, à temperatura ambiente, e a descoloração do DPPH foi medida contra um branco de reagente a 517 nm. A percentagem de inibição da descoloração do DPPH pela amostra foi expressa em equivalentes de ácido ascórbico.

Cálculo:

% de atividade antioxidante = {(Absorvância do branco) - (Absorvância da amostra) / (Absorvância do branco)} X 100

3.6.13 Avaliação sensorial:

A avaliação sensorial foi efectuada de acordo com Seo *at el.,* (2009) para o iogurte de leite de vaca, a fim de estimar a aceitabilidade da amostra médio iogurte de 10 membros do painel entre os estudantes do Departamento de Química - Faculdade de Ciências da Educação - cidade de Kalara.

Tabela (3-4): Avaliação sensorial do iogurte de leite de ervas durante o armazenamento a 5 °C durante 21 dias:

Yogurt sample	Flavor(40)	Texture(30)	Acidity(20)	Appearance(10)
A				
B				
C				
D				

3.7 Gestão dos animais:

Noventa e um ratos albinos suíços (*Mus musculus*) machos, maduros e saudáveis, com 7-8 semanas de idade e 23-27 gramas de peso corporal médio, foram adquiridos ao Ministério da Saúde.

Os ratos foram divididos aleatoriamente em seis grupos (cada grupo com 21 ratos, exceto o grupo de controlo). Os animais foram criados em gaiolas de polipropileno (30 cm x 15 cm x 15 cm de diâmetro) cobertas com uma grelha de arame e mantidas a uma temperatura de 23 ± 4 °C.

As gaiolas foram lavadas com água quente e álcool regularmente e depois cobertas com serradura (material de lascas de madeira finas), que é mantida seca e mudada de vez em quando. As gaiolas foram mantidas em condições normais de biotério, com uma humidade de 50±20% e 12±2 horas (luz/dia). Os ratos foram alimentados com uma ração padrão com os seguintes constituintes: Trigo 3,329 kg, soja 1,281 kg, óleo 217,5 g, pedra de cal 74,85 g, sal 31,7 g, metionina 7,4 g, lisina 12,2 g, fosfato dicálcico 31,1 g, multivitaminas 2,5 g, oligoelementos 2,5 g, num total de 5000 g.

3.7.1 Conceção experimental:

Todos os grupos receberam 50 mg /Kg animal /dia de cádmio com água potável durante um período de 15 dias, exceto o grupo de controlo, como se mostra abaixo:

Grupo 1: Controlo: Os ratos deste grupo foram alimentados com uma dieta padrão de laboratório (trigo 3,329kg, soja 1,281kg, óleo 217,5g, pedra de cal 74,85gm, sal 31,7gm, metionina 7,4gm, lisina 12,2gm, fosfato dicálcico 31,1gm).

Grupo 2: Cloreto de cádmio 50 mg / kg administrado durante 15 dias.

Grupo 3: Cloreto de cádmio durante 15 dias após 16th tratado com três concentrações de extrato de *Zingiber officinale* (**5mg, 10mg** e **15mg** por animal e por dia). Administrados **5mg** e **10mg** e **15mg** **por** animal por dia com extractos de *Zingiber officinale* durante 21 dias por seringa de gavagem.

Grupo 4: Cloreto de cádmio durante 15 dias após 16th tratados com três concentrações de extractos de *Panax ginseng* (**5mg** e **10mg** e **15mg** cada animal por dia). Administrados **5mg** e **10mg** e **15mg a** cada animal por dia com extractos de *Panax ginseng* durante 21 dias por seringa de gavagem.

Grupo 5: Cloreto de cádmio durante 15 dias após 16th tratados com três concentrações de extrato de *Peper Cubeba* (**5mg** e **10mg** e **15mg**). Administrou-se **5mg** e **10mg** e **15mg a** cada animal por dia com extrato de *Peper Cubeba* durante 21 dias por seringa de gavagem

Grupo 6: Cloreto de cádmio durante 15 dias após 16th tratados com três concentrações de combinação de extractos (**5mg** e **10mg** e **15mg**). Administrou-se **5mg, 10mg** e **15mg** a cada animal por dia com a composição de *Zingiber officinale*, *Panax ginseng* **e** extrato de *Peper Cubeba* (**1:1:1**) durante 21 dias por seringa de gavagem.

3.7.2 Exanimação microscópica:

A região caudal do epidídimo foi isolada e colocada em 1ml de meio de preparação de esperma aquecido a 37°C (Salina Normal) em placas de Petri descartáveis. A parte caudal foi picada várias vezes e a suspensão de esperma foi preparada. A suspensão de espermatozóides foi incubada a 37°C em 5% de CO_2 até ser examinada (OMS, 1999).

Uma gota (10µl) de suspensão de espermatozóides foi colocada numa lâmina aquecida e coberta com uma lamínula. A contagem total de espermatozóides ($x10^6$ /ml), a motilidade dos espermatozóides e os espermatozóides morfologicamente anormais foram registados.

3.7.3 Métodos de análise de esperma:

O sémen recolhido foi utilizado para medir os seguintes parâmetros, incluindo a contagem de espermatozóides, a motilidade e a morfologia, tendo a análise sido efectuada de acordo com as directrizes da (OMS, 1999).

3.7.4 Colheita de espermatozóides epididimários

Os machos maduros foram sacrificados por deslocamento cervical. Foi efectuada uma incisão na região escrotal. Cada lado da região caudal do epidídimo foi isolado e misturado com 1 ml de solução salina morna e depois com meio de Earle modificado, utilizando uma placa de Petri Falcon. A região caudal do epidídimo foi picada várias vezes com uma microtesoura cirúrgica.

3.7.5 Atividade espermática:

Após a colheita do sémen, colher imediatamente 10 µl da amostra de sémen diretamente numa lâmina pré-aquecida a 37 °C. A lâmina foi então coberta com uma lamela quente e examinada com uma ampliação de 400x da ótica de contraste de fase. Foram seleccionados aleatoriamente dez campos do microscópio e a motilidade espermática de 10 espermatozóides foi avaliada em cada campo. Portanto, a motilidade de 100 espermatozóides foi avaliada aleatoriamente; o resultado foi descrito como espermatozóides móveis e imóveis (Smith e Mayer, 1955; Al-Dujaily, 1996).

(%) ————————————

(%) ————————————

(%) ————————————

3.7.6 Morfologia do esperma:

Para estudar a morfologia dos espermatozóides, uma gota de suspensão de sémen foi espalhada numa lâmina previamente aquecida. O esfregaço foi então seco ao ar e corado com eosina a 1% durante 10 minutos, depois lavado com água da torneira, seco à temperatura ambiente e corado com (hematoxilina) durante 15 minutos, depois lavado com água da torneira e seco (Fattah e Mustafa, 2012). Os esfregaços foram examinados com uma objetiva de imersão em óleo a 100x. Foram examinadas duzentas células de esperma por animal para determinar as anomalias morfológicas.

Quaisquer distúrbios na morfologia e estrutura da medula da cabeça ou da cauda ou de ambas foram considerados anormais. O número de espermatozóides anormais foi expresso em percentagem do número total de espermatozóides (Dale e Edler, 1997).

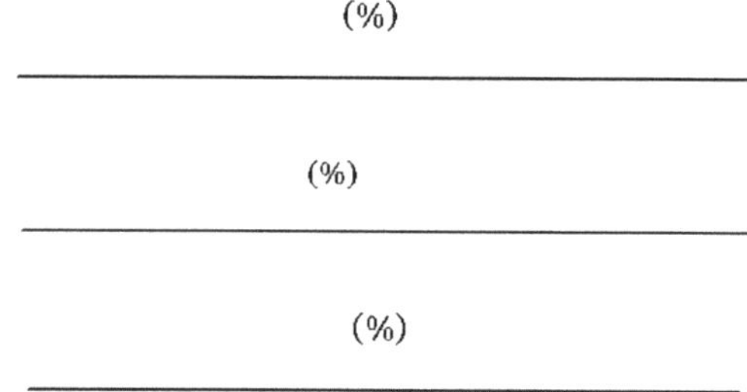

3.7.7 Contagem total de espermatozóides:

A concentração de espermatozóides foi efectuada através da filtração da suspensão de esperma epididmal através de uma camada dupla de gaze e colocada num pequeno tubo limpo para remover partículas de tecido. Em seguida, a suspensão de espermatozóides foi diluída com diluentes (1:20) e depois misturada. O objetivo deste procedimento é diluir a amostra o suficiente para evitar a sobrelotação da câmara de contagem e, em seguida, transferir uma gota da suspensão de espermatozóides para um hemocitómetro de neubaure melhorado com um vidro de cobertura. O hemocitómetro é deixado em repouso durante 5 minutos para sedimentação. A contagem foi efectuada utilizando um microscópio de luz com uma objetiva de alta potência (40X) para focar os espermatozóides (OMS, 2009), tendo sido contado o número de espermatozóides em cinco quadrados de 16 células. Depois foi calculado e multiplicado por 106 e expresso como (X) x 10^6 /ml, onde X é o número de espermatozóides num quadrado de cinco 16 células (Ford, . 2006).

3.8 Colheita de sangue:

No final de cada experiência, os animais foram submetidos a um jejum de 8 horas e sacrificados após anestesia com clorofórmio. As amostras de sangue foram colhidas por punção cardíaca e deixadas a coagular. O soro foi separado por centrifugação a 880 g. durante 15 minutos, utilizando uma centrifugadora e uma micropipeta e, em seguida, o soro foi armazenado em congelador (-45C°).

3.8.1 Ensaio hormonal para FSH, LH e testosterona:

Os níveis séricos das hormonas FSH, LH e testosterona foram medidos através de um ensaio imunoenzimático em microplacas, tal como descrito nas instruções dos kits (Monobind Inc., EUA). Antes de cada ensaio, deixou-se que todos os reagentes e amostras de soro atingissem a temperatura ambiente. Todas estas hormonas têm o mesmo procedimento relativamente ao volume da amostra (50 μL para LH, FSH e 10 μL para testosterona). As hormonas do ensaio seguem os seguintes passos:

1. O número desejado de tiras revestidas colocadas no suporte.

2. Pipetar para os poços 50μl de padrões hormonais, soro de controlo e soro do doente.

3. Adicionar 100μl de conjugado enzimático a todos os alvéolos.

4. Cobrir a placa e incubar durante 60 minutos à temperatura ambiente

5. Remover o líquido de todos os poços. Os poços foram lavados três vezes com 300 μℓ de tampão de lavagem e colocados em papel absorvente.

6. Adicionar 100μl de substrato TMB a todos os poços.

7. Incubar os poços durante 15 minutos à temperatura ambiente.

8. Adicionar 50μl de solução de paragem a cada poço. Agitar suavemente a placa para misturar a solução.

9. Leitura da absorvância num leitor de microplacas a 450 nm. Cálculo do nível hormonal para cada amostra desconhecida a partir da curva-padrão desenhada pelo leitor de microplacas.

3.9 Preparação histológica:

Os testículos foram lavados com água destilada fria e secos com papel de filtro, sendo depois imersos na solução de Bouin para posterior processamento dos tecidos. Os testículos foram lavados muito bem com água para remover o resto da solução de Bouin.

A desidratação, a limpeza, a infiltração, a inclusão, a secção, a coloração e a montagem foram utilizadas, respetivamente, para preparar as lâminas para exames histológicos, de acordo com Bancroft e Stevens (1982). Os testículos do grupo de controlo e do grupo tratado foram cortados em fatias de 2 mm de espessura e novamente imersos no mesmo fixador durante 24 horas. Os tecidos foram então desidratados com álcool crescente, começando com 60, 70, 80, 90 e 100%, e limpos com solução de tolueno.

Utilizou-se xileno para a infiltração e, em seguida, foram incluídos em cera de parafina. Secções emparelhadas de cada bloco foram cortadas em 3-5 micrómetros utilizando um micrótomo rotativo, coradas com hematoxilina-eosina e hematoxilina férrica, montadas com bálsamo do Canadá permanente e examinadas ao microscópio (Bancroft e Stevens, 1982). Foram tiradas fotografias para cada lâmina com uma máquina fotográfica da marca Canon. Os túbulos seminíferos e os espermatozóides maduros foram investigados (Nolte *et al.,* 1995).

3.10 Análise estatística

A análise estatística foi realizada com o (F-Test), os dados foram analisados para examinar o efeito dos tratamentos e concentração em traços. Diferentes espécies de plantas e diferentes testes de concentração foram comparados dentro dos valores de P significativos menores que 0,05 (P<0,05) diferença entre as médias de acordo com (Duncan, 1955) em referência às tabelas ANOVA obtidas e interação L.S.D. Utilizou-se o software de análise estatística Minitab 15 versão inglesa, calculando-se as médias e a divisão padrão (D.P.).

Capítulo 4: Resultados e discussão

4.1 Análise química do extrato de ervas:

4.1.1 Análise mineral:

A tabela (4.1) mostra que a composição mineral do extrato de *Z. officinale, P. cubeba* e *P. ginseng.* O extrato tinha um conteúdo mineral diferente; o papel dos oligoelementos na qualidade do sémen humano tem recebido muito interesse recentemente. Foram encontrados níveis mais elevados de zinco no extrato de *P. ginseng* (22,80mg/kg), enquanto o extrato de *Z. officinale* continha (16,70 mg/kg), mas o teor mais baixo de zinco no extrato de *P. cubeba* era (13,90 mg/kg). Também o selénio do extrato de *P. ginseng* era (1,80 mg/kg), o extrato de *P. cubeba tinha o teor* mais baixo de selénio (1,05 mg/kg). O extrato de *P. cubeba continha* (0,75 mg/kg) de cádmio, enquanto o extrato de *Z. officinale* continha (0,05 mg/kg) de cádmio, mas o teor de cádmio do extrato de *P. ginseng* era zero. Sabe-se que os minerais desempenham papéis metabólicos e fisiológicos importantes no sistema vivo, de acordo com Madding, *et al.*, (1991). O ferro, o zinco, o selénio e o manganês reforçam o sistema imunitário como antioxidantes (Umeyama, *et al.,* 1986).

Enquanto o magnésio, o zinco e o selénio também são conhecidos por prevenir a cardiomiopatia, a degeneração muscular, o atraso no crescimento, a alopecia, a dermatite, a disfunção imunológica, a atrofia gonadal, a espermatogénese prejudicada, as malformações congénitas e os distúrbios hemorrágicos, de acordo com (Hans *et al.,* 2002).

Outros, como o cobre, o molibdénio, o crómio, o cobalto, etc., embora em quantidades vestigiais, são essenciais para a sobrevivência de todas as formas de vida, mas o níquel tem sido frequentemente associado a alergias (Stankovic, *et al.,* 1986). Para além do teor de zinco, o extrato de *P. Cubeba* contém uma concentração mais elevada de magnésio, de acordo com (Boube., *et al.*, 2012). A formulação Zn-Mg aumenta significativamente os níveis de testosterona livre em atletas de competição com treino de força. O iogurte é uma boa fonte de proteínas e de Ca, de acordo com Mazahreh e Ershidat (2009), enquanto os produtos lácteos são pobres em ferro e noutros minerais, de acordo com Belewu *et al* (2010). A fortificação dos produtos lácteos com Fe ajudaria a suprir as deficiências nutricionais. O iogurte fortificado com ferro tem uma biodisponibilidade de ferro relativamente elevada. Foram criados dois sabores estranhos principais com o iogurte fortificado: sabor oxidado e sabor metálico, que se devem ao papel catalítico do ferro e à presença de sais de ferro. (Alakali., *et al* 2008).

Tabela (4-1): Composição de minerais de (*Z. officinale, P. cubeba,* e *P. ginseng*) extractos.

NO.	Minerals mg/kg	*Z. officinale*	*P. cubeba*	*P. ginseng*
1	Zn	16.70	13.90	22.80
2	Se	2.05	1.05	1.80
3	Cd	0.05	0.75	0.00
4	Pb	0.25	1.75	0.03
5	Mg	1643.15	1033	791
6	P	332.55	225.1	622.5
7	Fe	41.8	42.4	40
8	Mn	185.8	12	81.35
9	Co	00	00	00
10	Ca	1660.05	6285.9	2766.1
11	Cu	6.55	7.0	10.45

4.1.2 Teor de fenóis totais:

A Tabela (4.2) mostra os resultados do teor de fenol total do extrato aquático. *Z. officinale,* *P. cubeba,* e extrato de *P. ginseng.* Os resultados revelaram que o extrato de *P. ginseng tinha um teor de* fenol total mais elevado (3,13 mg/gm de peso seco), enquanto o teor de fenol total do extrato de *Z. officinale* era de (2,49 mg/gm de peso seco), mas o teor de fenol total mais baixo do extrato de *P. cubeba* era de (2,11 mg/gm de peso seco). Os polifenóis são os principais compostos vegetais com atividade anti-oxidante. Os fenólicos típicos que possuem atividade antioxidante são conhecidos por serem principalmente ácidos fenólicos e flavonóides (Demiray *et al.*, 2009). Os anti-oxidantes naturais aumentam a capacidade antioxidante do plasma e reduzem o risco de certas doenças (Dodson *et al.*, 2000).

Os resultados da atividade antioxidante indicam uma boa atividade de eliminação de radicais livres do extrato de *Piper cubeba*, devido à presença de constituintes fitoquímicos, especialmente polifenóis. Esta experiência apoia o facto de estas plantas poderem ser utilizadas nas indústrias farmacêuticas como antioxidantes naturais e como fonte de compostos fenólicos, o que está de acordo com (Gulcin, 2005).

Os principais ingredientes fenólicos activos isolados de *Z. officinale* (Zingerone, Gingerdiol, Zingibrene, gingerols e shogaols) têm atividade antioxidante (Amr, e Hamza, 2006). Outros relatam que os extractos de *Z. officinale* têm uma atividade androgénica potente em ratos machos. O presente estudo mostra que houve um aumento do peso dos testículos, dos níveis séricos de testosterona e da acumulação de espermatozóides no lúmen dos túbulos seminíferos. Além disso, a própria degradação das proteínas do leite pode resultar na libertação de aminoácidos fenólicos e de compostos não fenólicos, como açúcares e proteínas, que podem interferir na avaliação dos fenólicos totais (Mattila e Saarela, 2003). De acordo com Meisel (1997), a menor atividade antioxidante das amostras pasteurizadas do que das amostras não pasteurizadas ilustra a diminuição dos compostos fenólicos e flavonóides nas amostras de leite pasteurizado.

Choi, *et al*, (2012) referem que o ginseng tem sido utilizado como planta medicinal ou alimento popular e utilizado para vários benefícios para a saúde. Os ginsenósidos são conhecidos como os principais fitoquímicos do ginseng. O interesse pelos compostos fenólicos do ginseng aumentou recentemente devido às suas várias propriedades biológicas e farmacológicas, tais como propriedades antioxidantes, anticancerígenas e branqueadoras, ou devido à sua capacidade de reduzir a hipertensão: ácido salicílico, ácido vanílico, ácido ascórbico, ácido *p-cumárico*, ácido ferúlico, ácido cafeico, ácido gentísico, ácido *p-hidroxibenzóico*, maltol, ácido cinâmico, ácido protocatecuico, ácido siríngico e quercetina concorda com (Neere. Lee *et al* ,.2011).

Tabela (4-2): Teor de fenóis totais dos extractos de *Z. officinale*, *P. cubeba* e *P. ginseng*.

Plant extract	*Z. officinale*	*P. cubeba*	*P. ginseng*
Total phenol	2.49 mg/gm D.W	2.11 mg/gm D.W	3.13 mg/gm D.W

4.1.3 Atividade antioxidante

A concentração do extrato (mg/mL) necessária para eliminar 50% dos radicais (IC50) foi calculada utilizando a percentagem de actividades de eliminação de diferentes concentrações de extrato. O IC50 foi calculado graficamente utilizando uma curva de calibração na gama linear, traçando a concentração do extrato *vs.* o efeito de eliminação correspondente. Quanto menor for o IC50 de um composto, maior é a atividade do composto como antioxidante. A Tabela (4.3) mostra que a atividade de eliminação de radicais livres (IC50) de diferentes concentrações de extrato aquático. *Z. officinale*, *P. cubeba*, e extrato de *P. ginseng*. Os resultados mostram que o extrato de *Z. Officinalle* apresentou a maior atividade antioxidante (IC50 19,626 mg/mL), enquanto a atividade antioxidante (IC50) do extrato aquático de *P. cubeba* foi (IC50 70,3622 mg/ml). Mas a atividade antioxidante (IC50) do extrato de *P. ginseng* foi (IC50 150,981 mg/mL). Enquanto o (IC50) do ácido ascórbico como padrão foi (IC50 0,4924 mg/mL). Os tipos mais elevados de antioxidantes (*Z. officinale* , IC_{50} 19,626 mg/mL) com tipos mais baixos (extrato de *P. ginseng* IC50 150,981 mg/mL). A observação de actividades de eliminação diferenciadas dos extractos contra o sistema DPPH pode dever-se à presença de diferentes compostos no extrato. De acordo com (Djeridane, *et. al.*,2006).

A atividade de eliminação de radicais livres foi investigada no ensaio DPPH. A eliminação do radical livre DPPH é a base de um ensaio antioxidante comum (Rafat *at el,*. 2010). Os polifenóis são os principais compostos vegetais com atividade antioxidante, embora não sejam os únicos (Djeridane *et.al.*, 2006).

A atividade antioxidante dos compostos fenólicos depende da estrutura, do número e das posições dos grupos hidroxilo e da natureza das substituições nos anéis aromáticos (Balasundram *et. al*, 2006). As actividades antioxidantes dos extractos de plantas foram normalmente associadas ao seu conteúdo fenólico e os tipos *Z.officinale* contêm compostos de gingeróis e derivados como polifenóis que têm efeitos antioxidantes (Ghosh, 2011). De acordo com Dyatmiko (2000), os compostos de piperina e amidefenol na *P. cubeba* têm atividade antioxidante. A atividade de eliminação de DPPH dos fenólicos está positivamente correlacionada com o número de conteúdos de fenol. Os compostos fenólicos contribuem significativamente para a capacidade antioxidante das plantas, especialmente os ácidos fenólicos e os flavonóides (Ignat *et. al.*, 2011). As espéciès de Piper, comummente utilizadas na dieta e na medicina tradicional, foram avaliadas quanto ao seu potencial antioxidante. A atividade da catalase predominou na Piper longum Linn., seguida da *Piper cubeba* Linn., da pimenta verde, da Piper brachystachyum Linn. e da *Piper nigrum* Linn. A pimenta preta (Piper nigrum Linn.) é a mais rica em glutatião peroxidase e glucose-6-fosfato desidrogenase, a pimenta verde é a mais rica em peroxidase e vitamina C, enquanto a vitamina E é mais elevada em Piper longum Linn. e *Piper nigrum* Linn. Piper brachystachyum Linn. e *Piper longum* Linn. eram fontes ricas de vitamina A (Aqil *et al.*, 2006).

Estudos anteriores demonstraram que *o Panax ginseng* tem atividade antioxidante, uma vez que contém ginsenósidos, ácidos fenólicos, flavonóides e saponinas. Pensa-se que estas propriedades do ginseng proporcionam muitos efeitos preventivos benéficos contra danos nos órgãos (He *et al.*, 2012; Karakus *et al.*, 2011).

Tabela (4-3): Atividade de Eliminação de Radicais Livres (IC$_{50}$) dos extractos de *Z. officinale*, *P. cubeba* e *P. ginseng* .

Plants extract				
	Z. Officinale	*P. Cubeba*	*P. Ginseng*	Ascorbic acid
IC$_{50}$	19.626 mg/mL	70.3622 mg /ml	150.981mg/mL	0.4924 mg/mL

4-2 Efeito do extrato de ervas e da sua mistura nas propriedades físico-químicas e de análise sensorial do iogurte

4.2.1 pH

A tabela (4.4) mostra que o resultado do pH do iogurte de ervas após a mistura (5 %, 10% e 15%) de (*Z. officinale, P. cubeba, P. ginseng* e extractos mistos) de extrato de ervas. O resultado foi considerado significativo (p<0,05) entre o controlo e o iogurte com extractos de ervas após o armazenamento do iogurte durante diferentes períodos de tempo. A percentagem dos valores de pH não é significativa (p<0,05) entre os extractos de *P. ginseng* e *P. cubeba.* Os resultados também não mostraram significância entre o extrato misto e o extrato de *P. ginseng.* Enquanto o extrato de *Z. officinale teve um* efeito significativo no pH (diminuiu, aumentou) ou em comparação com o grupo de controlo e o extrato de outras plantas após o armazenamento do iogurte *de* ervas durante 21 dias. Depois de misturar o extrato de ervas com diferentes concentrações, os resultados não mostraram qualquer significância entre 5% e 10% e 15% para afetar os valores de pH do iogurte. Enquanto que a concentração de 5%, 10% e 15% aumentou significativamente (p<0,05) quando comparada com o grupo de controlo para aumentar o valor do pH durante o armazenamento do iogurte de ervas. Após 21 dias de armazenamento, o resultado diminuiu significativamente em comparação com o controlo

De acordo com a tabela (4.4), após a utilização de 5% de extrato de *Z. officinale,* o resultado do pH diminuiu significativamente (5,9±0,029) para (4,14±0,02) após 21 dias de armazenamento. O valor mais elevado de pH para 15% de extrato de *Z. officinale* foi (5,15±0,098) a 1st dia de armazenamento e diminuiu para (4,19±0,113) após 21 dias.

Após a mistura de 5%, 10% e 15% de extrato de *P. ginseng, o* valor diminuiu com a concentração a 1st dias foi de (4,895±0,003), (4,71±0,079) e (4,695±0,19), quando comparado com 21st dias, o valor do pH diminuiu significativamente para (4,035±0,157), (4,08±0,04) e (4,15±0,113), mas não foi significativo com *P. cubeba,* o extrato diminuiu após 21st armazenamento. Após a mistura do extrato da planta, o resultado a 1st dia de armazenamento foi significativamente reduzido quando comparado com o grupo de controlo. O valor mais baixo de pH com 15% aos 21st dias de armazenamento foi (4±0,2), o que foi significativo quando comparado com o extrato de *P. ginseng* na mesma duração, o pH com 5% e 15% de mistura de plantas não foi significativo aos 7th e 14th dias de armazenamento, embora tenha afetado significativamente o valor de pH em comparação com o grupo de controlo.

No presente estudo, a concentração do extrato de ervas foi afetada pelo valor do pH do iogurte, o que está de acordo com Singh *et al. (*2007)**. A redução do valor do pH deve-se à conversão da lactose em ácido lático. A cultura de arranque produziu um perfil de pH diferente com a passagem do tempo. O pH diminui durante a armazenagem e isto reflecte a taxa de acidificação da cultura envolvida. Estes resultados são semelhantes às conclusões de Nighswonger *et al.* (1996). O estudo revela um aumento significativo da acidez durante a armazenagem, tabela (4. 4). Este facto pode ser atribuído à alteração do conteúdo de ácidos orgânicos no iogurte durante a fermentação e armazenamento a frio. (Fernandez *et al,*. 1994).

A fermentação do iogurte por fermentos lácteos convencionais ocorre através da atividade simbiótica de dois grupos de bactérias. A atividade proteolítica de *Lactobacillus spp.* produz aminoácidos e pequenos péptidos que estimulam *S. thermophiles* (Nighswonger *et al,*. (1996). Enquanto que os metabolitos de S. thermophilus, o dióxido de carbono e o ácido fórmico estimulam o crescimento de *Lactobacillus spp.* Concorda com (Kailasapathy, 2006).

Tabela (4-4): O pH do iogurte de ervas após a mistura (5 %, 10% e 15%) de *(Z ofcinale, P. cubeba, P. ginseng* e extrato misto).

Type of herbs	Concentration	1st day	7th day	14th day	21st day	Means of Plants
Zingiber officinale	5 %	5.9±0.029	5.035±0.06	4.79±0.01	4.14±0.02	4.18 ±0.32 a
	10 %	5.11±0.12	4.9±0.057	4.7±0.027	4.16±0.04	
	15 %	5.15±0.098	4.985±0.183	4.56±0.167	4.19±0.113	
Piper cubeba	5 %	5.07±0.087	5±0.067	4.315±0.077	4.165±0.043	4.48±0.39 b
	10 %	4.875±0.037	4.795±0.083	4.255±0.07	3.99±0.02	
	15 %	4.835±0.05	4.585±0.19	4.3±0.133	4.035±0.157	
Panax ginseng	5 %	4.895±0.003	4.91±0.06	4.415±0.01	4.18±0.02	4.50±0.30 b
	10 %	4.71±0.079	4.715±0.057	4.36±0.027	4.08±0.04	
	15 %	4.695±0.19	4.675±0.183	4.35±0.167	4.15±0.113	
Mixed extract	5 %	4.78±0.147	4.45±0.033	4.35±0.033	4.12±0.013	4.37 ±0.28 b
	10 %	4.65±0.087	4.405±0.13	4.415±0.063	4.05±0.077	
	15 %	4.6±0.17	4.415±0.177	4.275±0.117	4±0.2	
	Mean of day	4.89 ±0.37 a	4.69 ±0.31 b	4.42 ±0.22 c	4.06 ±0.15 d	
	Mean of Conc.	Zero	5%	10%	15%	
		4.18 ±0.32 b	4.65 ±0.48 a	4.50 ±0.35 a	4.48 ± 0.38 a	
	control	4.30±0.01	4.1±0.27	3.9±0.28	3.75±0.083	4.18±0.32 cb

Letras minúsculas diferentes (abc) significam diferenças significativas ($P<0,05$) entre os extractos de plantas e as médias dos dias

4.2.2 Acidez

A Tabela (4.5) mostra o resultado da percentagem de acidez do iogurte de ervas após a mistura (5%, 10% e 15%) de (*Z. officinale, P. cubeba, P. ginseng* e extrato misto). O resultado foi significativo entre o controlo e o iogurte de ervas após armazenamento durante diferentes períodos de tempo. A percentagem de acidez não foi significativa ($p<0,05$) entre *Z. officinale* e *P. cubeba, P. ginseng*, enquanto o resultado do extrato vegetal misto foi significativo ($p<0,05$) em comparação com o controlo. Após a mistura de (5%, 10% e 15%) do extrato da planta ao iogurte, o resultado foi significativo ($p<0,05$) entre o controlo e 15% do extrato da planta, enquanto que não foi significativo entre (5%) e (10%) após o armazenamento do iogurte durante 28 dias. mas significativo ($p<0,05$) entre (5%) e (15%).

O resultado do extrato de *Z. officinale* aumentou significativamente a percentagem de acidez após o armazenamento de 21st dias foi $(0,61\pm0,01)$ para $(0,81\pm0,093)$, quando comparado com o extrato de *P. cubeba* foi $(0,76\pm0,065)$. 5% e 15% do extrato de *Z. officinale* aumentaram significativamente $(0,61\pm0,01)$ para $(0,68\pm0,05)$ no primeiro dia e 21st dias de armazenamento.

A concentração de 5%, 10% e 15% do extrato de *P. cubeba* a 1st e 7th dias de armazenamento foi inferior a 14th e 21st dias de armazenamento. Enquanto 15% de *P. cubeba* após 21 dias de armazenamento foi $(0,76\pm0,065)$ não foi significativo para aumentar a acidez em comparação com 15% de extrato de *P. ginseng* aos 21st dias foi $(0,85\pm0,025)$.

O resultado de 5% de extrato de P. *ginseng a* 1st e 7th dias foi $(0,60\pm0,45)$ e $(0,64\pm0,083)$ não significativo ($p<0,05$) quando comparado com 15% de *P. ginseng* a 14th e 21st dias de armazenamento foi $(0,72\pm0,043)$ e $(0,80\pm0,015)$.

Após a adição de 15% de mistura de extrato de planta no 1st dia foi $(0,73\pm0,07)$ significativamente aumentado quando comparado com 5% e 10% no 1st dia de armazenamento $(0,69\pm0,02)$ e $(0,69\pm0,25)$. Após 7 dias de armazenamento de 5%, 10% e 15% aumentaram para $(0,74\pm0,013)$, $(0,75\pm0,025)$ e $(0,78\pm0,005)$. Após o armazenamento de 14th dias de extrato misto, a acidez aumentou significativamente quando comparada com 7th dias de armazenamento. A acidez aumentou significativamente com 5%, 10% e 15% de iogurte misto aos 21st dias de armazenamento $(0,90\pm0,034)$, $(0,92\pm0,031)$ e $(0,99\pm0,025)$, quando comparada com 1st , 7th e 14th dias de armazenamento.

No presente estudo, os resultados foram significativos entre o iogurte de ervas com 5%, 10% e 15% de extrato de ervas. Verificou-se que a adição do extrato de ervas terá um efeito significativo na acidez. Este efeito deve-se às alterações nas proporções de Bacilos no iogurte, aumentando o número de *lactobacilos spp.*provoca o sabor mais ácido que concorda com (krusch *et al.,* 1987)

thA Tabela (4.5) mostra que a percentagem de acidez não é significativa entre o primeiro dia e o sétimo dia de armazenamento, de acordo com Mazaheri *et al.,* (2006). A percentagem de acidez aumentou após 7 dias de armazenamento devido às actividades das bactérias lácticas no interior do iogurte durante o tempo de armazenamento. A determinação do ácido titulável total (TTA) é, portanto, mais relevante na avaliação da capacidade de fermentação dos micróbios, de acordo com Gobbetti *et al.* (2000). As variações na acidez titulável que ocorrem nos iogurtes no presente estudo podem assim ser associadas à população microbiana diferencial durante a fermentação (Eissa *et al.*, 2010)

Mortazavian e Sohrabvandi, (2006) relataram que durante o armazenamento de 21 dias das amostras no frigorífico o valor da acidez tinha aumentado, e o armazenamento tem um efeito significativo na acidez e no pH, a razão do aumento da acidez. O resultado da acidez do iogurte é a atividade útil e nociva dos microrganismos que, através do consumo de açúcar e da produção de ácidos orgânicos, podem acompanhar a diminuição do pH ou o aumento da acidez (Lucey 1997).

Tabela (4-5): A percentagem de acidez (%) do iogurte de ervas após a mistura (5%, 10% e 15%) de *(Z officinale, P. cubeba, P. ginseng* **e extrato misto).**

Type of herbs	Concentration	1st day	7th day	14th day	21st day	Means of Plants
Zingiber officinale	5 %	0.61±0.01	0.64±0.033	0.73±0.018	0.81±0.093	0.72±0.086 c
	10 %	0.63±0.09	0.64±0.015	0.75±0.013	0.83±0.073	
	15 %	0.68±0.05	0.69±0.022	0.79±0.036	0.89±0.043	
Piper cubeba	5 %	0.67±0.42	0.67±0.32	0.70±0.055	0.70±0.035	0.69±0.031 c
	10 %	0.67±0.70	0.66±0.41	0.72±0.53	0.72±0.41	
	15 %	0.69±0.08	0.70±0.18	0.75±0.093	0.76±0.065	
Panax ginseng	5 %	0.60±0.45	0.64±0.083	0.72±0.043	0.80±0.015	0.71±0.08 c
	10 %	0.63±0.05	0.65±0.043	0.72±0.095	0.81±0.063	
	15 %	0.66±0.25	0.70±0.023	0.79±0.033	0.85±0.025	
Mixed extract	5 %	0.69±0.02	0.74±0.013	0.82±0.051	0.90±0.034	0.80±0.095 b
	10 %	0.69±0.05	0.75±0.025	0.82±0.032	0.92±0.031	
	15 %	0.73±0.07	0.78±0.005	0.90±0.061	0.99±0.025	
	Mean of days	0.67±0.058 c	0.70±0.07 c	0.77±0.75 b	0.85±0.11 a	
	Mean of Conc.	Zero	5%	10%	15%	
		0.95±0.12 a	0.71±0.08 b	0.72±0.82 b	0.76±0.09 b	
	control	0.83±0.05	0.89±0.063	0.96±0.091	1.15±0.023	0.955±0.12 a

4.2.3 Percentagem de humidade

A Tabela (4.6) mostra que o resultado da percentagem de humidade do iogurte de ervas após a mistura (5%, 10% e 15%) de (*Z. officinale, P. cubeba, P. ginseng* e extrato misto). O resultado foi significativo (p<0,05) entre o controlo e os extractos de ervas após o armazenamento do iogurte durante diferentes períodos de tempo. Mas não foi significativo o efeito do extrato de *Z. officinale* e *P. ginseng* na percentagem de humidade. Após o extrato misto, os resultados não foram significativos quando comparados com o extrato de *P. cubeba*, ao mesmo tempo que o iogurte armazenado com *P. cubeba foi* significativo em comparação com o grupo de controlo. Após o armazenamento do iogurte de ervas durante 21 dias, o resultado não foi significativo (p<0,05) entre 1st dia e 7th dias de armazenamento. 14th dia significativo quando comparado com 21st dia de armazenamento Enquanto 21st dias foi significativamente afetado na humidade quando comparado com 1st dia.

O resultado mostra na tabela (4.6) que as concentrações (5%), (10%) e (15%) alteraram significativamente a humidade do iogurte em comparação com o grupo de controlo após 21 dias de armazenamento do iogurte de ervas.

O resultado do extrato misto a 10% e 15% foi superior a 5% a 1st dia de armazenamento. Mas não significativo entre 5% e 10% aos 7th e 14th dias de armazenamento, mas significativo entre 5% foi (84,28±0,12) e 15% foi (85,345±0,43) aos 7th e 14th de armazenamento. As concentrações de 5%, 10% e 15% do extrato misto de plantas não foram significativas entre *P. cubeba* e *P. ginseng* após 21 dias de armazenamento. A percentagem de humidade com *Z. officinale* não foi significativa entre 5% e 10% a 1st e 7th dias de armazenamento. 5%, 10% e 15% de *Z. officinale foram significativos* quando comparados com o controlo após o armazenamento de 21 dias de iogurte de ervas no frigorífico. No presente estudo, o teor de humidade do iogurte foi significativo entre as amostras ao nível de 5%, 10% e 15%.

A Tabela (4.6) mostra que os resultados de (5%), (10%) e (15%) do extrato de *P. cubeba* diminuíram significativamente a humidade no primeiro dia (83,245±0,17), para (81,615±0,34) e (81,14±0,31) quando comparados com o controlo no 1st dia (84,95±0,1). Após o armazenamento durante 7, 14 e 21 dias, a percentagem de humidade foi inferior à do grupo de controlo. Enquanto a percentagem de humidade aumentou com o extrato de *P. ginseng* após 21 dias de armazenamento quando comparado com *P. cubeba*, mas não foi significativa em comparação com o grupo de controlo. A concentração de 15% de *P. cubeba* foi (85,195±0,47) superior à do grupo de controlo (84,95±0,1) a 1st dia de armazenamento, mas não teve efeitos significativos na humidade.

No presente estudo, a concentração do extrato de ervas afectou significativamente o teor de humidade. Na tabela (4.6) mostra-se que o teor de humidade de diferentes tipos de iogurte de diferentes concentrações de ervas foi que uma diminuição gradual do teor de humidade em todas as amostras de iogurte com a passagem do tempo após o armazenamento de 21 dias no frigorífico (Ragab JM. 2000). O teor de humidade do iogurte Plane registou o valor mais elevado (85,95±1,14%). A adição de extrato de ervas aumentou os sólidos totais do iogurte e, por conseguinte, diminuiu o teor de humidade do iogurte, (Mahmood *et el,.* 2008). O teor de humidade e os sólidos totais afectam a textura, um baixo teor de humidade e um elevado teor de sólidos totais aumentam a firmeza e a consistência do iogurte, afectando assim a sensação na boca. O resultado está de acordo com (Guler 2007).

Tabela (4-6): A percentagem de humidade do iogurte de ervas após a mistura (5 %, 10% e 15%) de (*Z. officinale, P. cubeba, P. ginseng* e extrato misto).

Type of herbs	Concentration	1st day	7th day	14th day	21st day	Means of Plants
Zingiber officinale	5 %	83.69±0.02	83.075±0.183	83.18±0.19	83.25±0.03	82.69±0.64 b
	10 %	82.785±0.34	82.56±0.227	82.78±0.14	82.945±0.10	
	15 %	81.73±0.25	81.61±0.39	82.445±0.23	82.27±0.113	
Piper cubeba	5 %	83.245±0.17	82.7±0.07	83.04±0.43	83.18±0.26	82.35±0.832 b
	10 %	81.615±0.34	82±2.33	82.755±0.46	82.75±0.17	
	15 %	81.14±0.31	81.35±0.5	82.11±0.73	82.525±0.12	
Panax ginseng	5 %	83.36±0.23	82.905±0.07	82.805±1.07	83.1±0.4	82.66±0.84 b
	10 %	84.32±0.18	83.835±0.043	83.1±0.067	82.84±0.25	
	15 %	85.195±0.47	84.505±0.03	83.45±0.17	82.55±0.03	
Mixed extract	5 %	84.595±0.20	84.28±0.12	82.64±0.03	83.33±0.23	82.-9±0.89 cb
	10 %	85.825±0.32	84.095±0.30	82.3±0.43	82.835±0.18	
	15 %	85.1±0.47	85.345±0.43	84.35±0.37	82.715±0.18	
	Mean of days	82.42±31 N.S	82.43±0.93 N.S	82.64±0.94 N.S	83.06±0.64 N.S	
	Mean of Conc.	Zero	5%	10%	15%	
		84.70±0.22 a	83.02±0.42 b	82.56±0.58 c	81.77±0.88 d	
	control	85.95±1.14	85.7±0.12	84.4±0.07	84.785±0.01	84.70±0.22 a

Letras minúsculas diferentes (abc) significam diferenças significativas (*P<0*,05) entre extractos de plantas (N.S.) significa Não significativo (*P>0*,05) entre médias de dia

4.2.4 Percentagem do total de resíduos sólidos

A Tabela (4.7) mostra os resultados da percentagem de sólidos totais do iogurte de ervas após a mistura (5%, 10% e 15%) de (*Z. officinale, P. cubeba, P. ginseng* e extrato misto). O resultado foi significativo (p<0,05) entre o controlo e os extractos de ervas após o armazenamento do iogurte durante diferentes períodos de tempo. Embora não seja significativo (p<0,05) o efeito do extrato de *Z. officinale* e *P. ginseng* na percentagem de sólidos totais. A Tabela (4.7) mostra que o resultado de (5%), (10%) e (15%) do extrato de *P. cubeba* aumentou significativamente o sólido total no 1st dia foi (16.755±0.17 %) alterado para (18.51±0.34%) no 14th e 21st dias de armazenamento. Embora não seja significativo entre 5% e 10% do extrato de *P. cubeba*. Após o armazenamento, não foi significativo entre todas as concentrações de extrato de *P. cubeba* (16,82±0,26%), (17,25±0,17%) e (17,475±0,21%), respetivamente. O resultado do extrato de *P. cubeba* foi superior ao do extrato de *P. ginseng* no 1st dia de armazenamento, mas não foi significativo nos 7th e 14th dias de armazenamento.

O resultado do extrato de *P. ginseng* apresentado na Figura (4.7) revelou que não diminuiu significativamente com o aumento da concentração aos 7 dias de armazenamento. Enquanto que o sólido total não foi significativo entre 10% e 15% foi (17,16±0,25%) e (17,45±0,03%), mas quando comparado com o controlo aumentou significativamente o sólido total. O extrato vegetal misto aumentou para (17,285±0,18%) em 14th e 21st de armazenamento. Mas *o Z. officinale* aumentou para (18,27±0,019%) a 1st dia de armazenamento, ou seja, aumentou significativamente os sólidos totais quando comparado com o controlo. Enquanto o maior total de sólidos em *P. cubeba* no 1st dia e 7th dias foi (18,51±0,34%) e (18,65±0,50%).

No presente estudo, para o iogurte sólido total, foi observada uma diferença significativa entre as amostras aos níveis de 5%, 10% e 15%. A tabela (4.7) mostra que a adição de extrato de ervas afectou significativamente o teor de sólidos totais durante o armazenamento, o que está de acordo com o resultado de Anjum, *et al.* (2007), que referiu que os sólidos totais diminuíram gradualmente durante o período de armazenamento. O resultado discorda do de Kavas *et al.* (2003), que refere que é aceite que o aumento do teor de sólidos totais durante 14 dias não foi significativo, e é apoiado por (Akalin 1993), que refere que o aumento determinado durante o período de armazenamento é normal. A composição química da base láctea, especialmente os sólidos totais, tem o maior efeito na aceitabilidade do iogurte concentrado. O iogurte concentrado contendo < 20% de sólidos totais é avaliado como "fino e sem sabor" e aquele com > 25% de sólidos totais torna-se gomoso e amargo (Robinson 1977). Os sólidos totais afectam a textura, o baixo teor de humidade e o elevado teor de sólidos totais aumentam a resolução e a estabilidade do iogurte, pelo que afectam a sensação na boca, o que está de acordo com Senel *et al.,* (2011).

shaker *et al,* (2010) referem que o aumento da viscosidade do iogurte com maior teor de gordura se deve ao aumento dos sólidos totais do leite que tem um efeito significativo na firmeza do gel de iogurte. O aumento do teor de sólidos totais do iogurte em mais de 23% diminuiu a aceitabilidade do sabor, as amostras com maior teor de sólidos totais apresentaram melhores propriedades texturais do que as com menor teor de sólidos totais, o que está de acordo com (Domagala *et al,.* 2002).

Tabela (4-7): A percentagem de sólidos totais do iogurte de ervas após a mistura (5%, 10% e 15%) de (*Z. officinale, P. cubeba, P. ginseng* e extrato misto).

Type of herbs	Concentration	1st day	7th day	14th day	21st day	Means of Plants
Zingiber officinale	5 %	16.31±0.031	16.925±0.18	16.82±0.19	16.75±0.035	17.30±0.64 b
	10 %	17.215±0.29	17.44±0.23	17.22±0.14	17.055±0.10	
	15 %	18.27±0.019	18.39±0.39	17.555±0.23	17.73±0.17	
Piper cubeba	5 %	16.755±0.17	17.3±0.028	16.96±0.43	16.82±0.26	17.63±0.83 b
	10 %	18.385±0.55	18±0.33	17.245±0.66	17.25±0.17	
	15 %	18.51±0.34	18.65±0.50	17.89±0.73	17.475±0.21	
Panax ginseng	5 %	16.64±0.21	17.095±0.08	17.195±0.07	16.9±0.4	17.33±0.84 b
	10 %	16.68±0.18	16.165±0.04	16.9±0.07	17.16±0.25	
	15 %	16.704±0.97	15.495±0.75	16.55±0.07	17.45±0.03	
Mixed extract	5 %	15.405±0.20	15.72±0.12	17.36±0.03	16.67±0.23	17.90±0.89 a
	10 %	15.175±0.32	15.205±0.30	17.7±0.19	17.165±0.45	
	15 %	15.9±0.47	15.704±0.97	15.65±0.37	17.285±0.18	
	Mean of days	17.57±1.3 a	17.56±0.93 a	17.35±0.94 a	16.99±0.64 ba	
	Mean of Conc.	Zero	5%	10%	15%	
		15.29±0.22 d	16.97±0.42 c	17.43±0.58 b	18.22±0.88 a	
	control	14.05±0.42	14.3±0.23	15.6±0.31	15.215±0.01	17.30±0.64 c

Letras minúsculas diferentes (abc) significam diferenças significativas (*P<0,05*) entre os extractos de plantas e as médias dos dias

4-3 Efeito do extrato de ervas e da sua combinação na avaliação sensorial do iogurte

4.3.1. O Flavar

A Tabela (4.8) mostra que o resultado da avaliação do sabor do iogurte de ervas após a mistura (5%, 10% e 15%) de (*Z. officinale, P. cubeba, P. ginseng* e extrato misto) O resultado é significativo (p<0,05) entre o controlo e os extractos de ervas após o armazenamento do iogurte durante diferentes períodos de tempo. Embora não seja significativo (p<0,05) entre os extractos de *Z.*

officinale e *P. ginseng* para afetar o sabor do iogurte de ervas. Mas significativo entre o extrato de *P. cubeba* e *P. ginseng* durante o armazenamento, enquanto o extrato misto não é significativo quando comparado com o controlo. O resultado na tabela (4.8) mostra que a concentração de 5%, 10% e 15% do extrato da planta é significativa (p<0,05) para afetar o sabor. Enquanto que a concentração de 5% de extrato de planta é significativa (p<0,05) para aumentar o sabor quando comparada com o grupo de controlo após 21 dias de armazenamento do iogurte de ervas. O resultado de 5% do extrato de *P. ginseng* no 1st dia foi (38,5±0,321) e após 21st dias de armazenamento diminuiu significativamente para (35±0,67). Embora não seja significativo entre 5% e 10% de extrato de planta para aumentar o sabor. 15 % do extrato de *P. ginseng* teve (30,5±2,11) um efeito significativo no sabor em comparação com o grupo de controlo (39±1,231) no 1st dia de armazenamento.

Após o armazenamento do iogurte com extrato misto, observou-se uma diferença significativa entre o extrato de *P. ginseng* no 1st dia com a concentração de 5%. Enquanto o extrato misto não foi significativo entre as concentrações de 10% aos 7th e 14th dias de armazenamento. Após o armazenamento do iogurte durante 21 dias, o sabor diminuiu significativamente para (34±1,84), (31,5±2,11) e (30±1,39), respetivamente. A Tabela (4.8) mostra que o resultado de 5% de extrato de *Z. officinale* a 1st tempo foi (38±0.67) significativamente diminuído para (34±0.49) após 21 dias de armazenamento. Após 14 dias de armazenamento, o sabor com 5% foi (35,5±0,420), diminuindo significativamente em 15% foi (31,5±0,832) na mesma duração de armazenamento, mas não significativo quando comparado com o grupo de controlo.

O sabor mais elevado na *P. cubeba* foi (36,5±1,65) com a concentração de 5%, enquanto o sabor mais baixo foi (28,5±2,1) em 15% após 21 dias de armazenamento, o que diminuiu significativamente, quando comparado com o controlo.

No presente estudo, o sabor do iogurte foi significativo entre as concentrações de 5%, 10% e 15%. A Tabela (4.5) mostra que a adição de extrato de ervas afectou significativamente o sabor do iogurte durante o armazenamento, o sabor em todos os tratamentos diminuiu durante o armazenamento por 21 dias quando comparado com o controlo.

Iogurte natural da mais alta qualidade para garantir a qualidade óptima do iogurte aromatizado com ervas. As ervas contêm metabólicos secundários e isto pode desempenhar um papel na causa das propriedades organolépticas indesejáveis dos iogurtes à base de ervas, o que se deve ao facto de a maioria das ervas conter uma diversidade única de metabolitos fenólicos e flavonas responsáveis pelo seu sabor e aroma, (Keating K., *et al* 1990: Harper *et al*,. 1991). No presente estudo, o iogurte com extrato de *Z. officinale* foi considerado pelo painelista como o mais desejável em termos gerais, seguido pelo iogurte de controlo, em comparação com o iogurte simples e o extrato misto de plantas indesejáveis, o que é semelhante a (Marhamatizadeh *et al.*, 2012).

Tabela (4-8): A avaliação do sabor do iogurte de ervas após a mistura (5%, 10% e 15%) de (*Z. officinale, P. cubeba, P. ginseng* e extrato misto).

Type of herbs	Concentration	1st day	7th day	14th day	21st day	Means of Plants
Zingiber officinale	5 %	38±0.67	36.5±0.33	35.5±0.420	34±0.49	34.29±2.21 a
	10 %	36.5±0.349	34.5±0751	33.5±0.63	32.5±0.56	
	15 %	35.5±0.99	33±1.221	31.5±0.832	30.5±0.761	
Piper cubeba	5 %	36.5±1.65	35.5±0.579	34.5±1.23	33.5±0.612	33.04±2.20 a
	10 %	35±0.908	33.5±0.712	32.5±1.54	31.5±1.86	
	15 %	33±1.43	32±1.32	30.5±2.21	28.5±2.1	
Panax ginseng	5 %	38.5±0.321	37.5±1.98	36±1.33	35±0.67	34.95±2.88 a
	10 %	36.5±3.67	37±1.23	36±1.78	33.5±2.33	
	15 %	30.5±2.11	34.5±0.992	33.5±1.63	31±0.34	
Mixed extract	5 %	37.5±2.131	37±1.043	35.5±2.21	34±1.84	34.16±2.34 a
	10 %	36±1.099	35.5±2.001	34.5±3.01	31.5±2.11	
	15 %	33.5±1.43	33±2.97	32±1.54	30±1.39	
	Mean of days	35.84±2.6 a	35.07±1.8 a	33.80±1.90 b	32.19±1.93 c	
	Mean of Conc.	Zero	5%	10%	15%	
		35.62±2.5 a	35.93±1.62 a	34.37±1.88 b	32.03±2.19 c	
	control	39±1.231	37.5±1.84	36±1.21	35±1.89	35.62±2.51 ab

Letras minúsculas diferentes (abc) significam diferenças significativas (*P<0,05*) entre os extractos de plantas e as médias dos dias

4.3.2 A acidez

A Tabela (4.9) mostra que o resultado da avaliação da acidez do iogurte de ervas após a mistura (5 %, 10% e 15%) de (*Z. officinale, P. cubeba, P. ginseng* e extrato misto) de extrato de ervas. O resultado foi significativo (p<0,05) entre o controlo e os extractos de ervas após o armazenamento do iogurte durante diferentes períodos de tempo. Enquanto a acidez não foi significativa (p<0,05) entre o extrato de *Z. officinale* e *P. cubeba* para afetar a acidez do iogurte. Depois de misturar o extrato, não foi significativo com o extrato de *P. ginseng*, embora tenha diminuído significativamente quando comparado com o grupo de controlo. Após o armazenamento do iogurte à base de plantas, a concentração de 5% não é significativa quando comparada com o controlo, mas a acidez do sabor reduziu significativamente com a concentração de 10% e 15% do extrato da planta. Durante o armazenamento do iogurte não foi significativo entre 7th e 14th dias de armazenamento. Enquanto o sabor ácido foi significativamente alterado após 14th e 21st dias de armazenamento do iogurte de ervas.

De acordo com a tabela (4.9), o resultado do extrato de *Z. officinale* a acidez diminuiu com o aumento da concentração, ao mesmo tempo que o armazenamento do iogurte diminuiu após 21st dias. O sabor da acidez com o extrato de *P. cubeba* a 15% aos 21st dias de armazenamento foi de (8,5±0,121), o que é significativo com o extrato misto de plantas aos 21st dias com 15%. O sabor da acidez com o extrato de *P. ginseng* diminuiu com 5% foi (16±0,667) para (11,5±1,321) aos 21st dias. Após o armazenamento do iogurte durante 14th e 21st o sabor ácido diminuiu significativamente em comparação com o controlo no mesmo período de armazenamento. Após a mistura (5%, 10% e 15%) de extrato de *P. cubeba, o* resultado diminuiu quando comparado com o grupo de controlo. A acidez mais baixa com 15% aos 21st dias de armazenamento foi (8,5±0,121).

O presente estudo mostra que o efeito significativo entre os extractos de plantas e os dias de armazenamento, as ervas contêm muitos fenóis e flavonóides é responsável pelas propriedades físico-químicas do sabor do iogurte de ervas. Nos últimos anos, tem havido um interesse crescente na utilização de plantas naturais e aditivos de extractos de ervas e na incorporação de substâncias promotoras de saúde no iogurte, as ervas são consideradas como um alimento natural devido às suas propriedades antimicrobianas (Karagul *et al.,* 1999).

Tabela (4-9): A avaliação da acidez do iogurte de ervas após a mistura (5%, 10% e 15%) de (*Z officinale, P. cubeba, P. ginseng* e extrato misto) de extrato de ervas.

Type of herbs	Concentration	1st day	7th day	14th day	21st day	Means of Plants
Zingiber officinale	5 %	14.5±0.243	13.5±0.431	13±0.327	12.5±0.543	11.25±1.83 ba
	10 %	13.5±0.65	11±0.43	12±0.98	11±1.31	
	15 %	12.5±0.781	11±1.01	11±0.213	10.5±1.83	
Piper cubeba	5 %	14.5±0.982	14±0.321	12.5±0.665	11±0.998	11.45±1.9 ba
	10 %	13±0.786	12±0.93	11±0.231	10±0.554	
	15 %	11.5±1.62	10.5±0.561	9±0.341	8.5±0.121	
Panax ginseng	5 %	16±0.667	13±0.43	14±0.45	11.5±1.321	12.08±1.65 a
	10 %	13.5±0.213	12.5±0.910	12.5±0.432	10.5±1.01	
	15 %	15.5±0.412	13.5±0.443	12.5±0.12	11±1.9	

Mixed extract	**5 %**	14.5±0.53	11.5±0.41	12.5±1.56	11±0.95	10.50±1.80 cb
	10 %	12.5±0.31	10.5±1.26	11.5±1.870	9±0.591	
	15 %	11.5±0.93	9.5±1.5	9.5±0.88	10.5±0.731	
	Mean of days	13.10±1.68 a	11.88±1.72 b	11.19±1.7 b	9.65±1.49 c	
	Mean of Conc.	Zero	5%	10%	15%	
		13.75±3.3 a	12.65±1.6 a	11.25±1.4 b	10.06±1.5 c	
	control	16±1.33	16±1.33	14.5±1.67	13.4±2.33	13.75±3.28 a

Letras minúsculas diferentes (abc) significam diferenças significativas (*P<0,05*) entre os extractos de plantas e as médias dos dias

4.3.3 A textura

A Tabela (4.10) mostra que o resultado da avaliação da textura do iogurte de ervas após a mistura (5%, 10% e 15%) de (*Z. officinale, P. cubeba, P. ginseng* e extrato misto) de extrato de ervas. O resultado não foi significativo (p<0,05) entre o controlo e os extractos de ervas após o armazenamento do iogurte durante diferentes períodos de tempo. Embora significativo entre o extrato de *P. ginseng* e o extrato de *P. cubeba* para afetar a textura do iogurte. Mas não significativo entre 5%, 10%, quando comparado com o grupo de controlo. Embora a avaliação da textura tenha diminuído significativamente com o aumento da concentração de 10% para 15% do extrato da planta. De acordo com a tabela (4.10), a textura com extrato de *Z. officinale* no primeiro dia foi superior aos 21 dias de armazenamento, enquanto a textura não significativa entre 5% a 1st dia e 15% a 14th dias foi (25,5±0,12) e (25,5±0,432). Após a mistura de 15% de extrato de *Z. officinale*, a textura diminuiu (25,5±0,12) para (21,5±0,321) após 21st dias de armazenamento do iogurte, o que foi significativo em comparação com o controlo a 1st dia foi (28,5±0,980) reduzido para (23,5±0,598) após 21st dias de armazenamento. Após a mistura de 10% de extrato de *P. cubeba*, o resultado da textura a 1st dia foi (27,5±0,56) reduzido para (22±0,897) a 21st dias de armazenamento, o resultado não significativo quando comparado com o extrato de *P. ginseng*

A Tabela (4.10) mostra que a avaliação sensorial da textura mais baixa com 15% de extrato de *P. ginseng* foi (21±0,951) a 21st de armazenamento, enquanto a textura mais alta foi 5% a 1st tempo foi (28,5±0,65), o que significa que a textura diminuiu com o aumento da concentração e do tempo de armazenamento do iogurte de ervas no frigorífico. O resultado da textura do extrato misto foi significativo quando comparado com o grupo de controlo a 1st tempo de armazenamento; a textura diminuiu após 21 dias de armazenamento, a 14th de armazenamento não afectou significativamente a textura em comparação com o extrato de *Z. officinale*.

O presente estudo mostra variações significativas de textura durante o armazenamento, Mumtaz *et al.* (2008) referem que a textura do extrato de ervas tem um efeito direto no iogurte durante o armazenamento, o que está em desacordo com Radi *et al.* (2009), que referem que as diferentes amostras de iogurte apresentam uma textura semelhante após duas semanas de armazenamento, tal como no tempo zero. Também é apoiado por Herrero e Requena (2006). As propriedades de textura mantiveram-se constantes durante todo o tempo de vida útil do produto. Em todas as propriedades sensoriais avaliadas. A textura do iogurte é importante para o controlo da qualidade do produto, para o desenvolvimento do processo e para a aceitabilidade do consumidor. O iogurte com diferenças entre os tratamentos para as pontuações gerais aceitáveis não foram significativas, o que concorda com (Salvador e Fiszman 2012).

Tabela (4-10): A avaliação da textura do iogurte de ervas após a mistura (5%, 10% e 15%) de (*Z. officinale, P. cubeba, P. ginseng* e extrato misto) de extrato de ervas.

Type of herbs	Concentration	1st day	7th day	14th day	21st day	Means of Plants
Zingiber officinale	5 %	28.5±0.621	28.5±1.20	25.5±0.432	24±0.432	24.95±2.16 N.S
	10 %	26±0.311	26±0.750	23.5±0.463	22.5±0.543	
	15 %	25.5±0.12	25±1.2	23±0.584	20.5±0.321	
Piper cubeba	5 %	26.5±0.431	26±0.56	25.5±0.543	23±0.657	24.54±1.81 N.S
	10 %	27.5±0.56	25±0.43	25.5±0.453	22±0.897	
	15 %	24.5±0.98	24.5±1.09	23.5±1.33	21±0.951	
Panax ginseng	5 %	28.5±0.65	27.5±1.98	26.5±0.211	25.5±0.453	25.50±1.84 N.S
	10 %	27±0.600	26.5±1.43	25.5±0.760	24±0.432	
	15 %	25±0.332	25±0.90	24±0.766	22±0.43	
Mixed extract	5 %	28±0.330	26.5±0.421	25±0.768	24±0.219	24.91±1.92 N.S
	10 %	27±0.442	25.5±0.762	24±0.543	22.5±0.873	
	15 %	26.5±0.66	25±0.543	23.5±0.732	21.5±0.436	
	Mean of days	26.84±1.36 a	25.88±1.26 b	24.73±1.24 c	22.73±1.37 d	
	Mean of Conc.	Zero 26.25±1.91 a	5% 16.18±1.70 a	10% 25.00±1.74 b	15% 23.75±1.65 c	
	control	28.5±0.980	26.5±0.710	26.5±0.429	23.5±0.598	26.25±1.91 N.S

Letras minúsculas diferentes (abc) significam diferenças significativas ($P<0,05$) entre os dias de armazenamento (N.S.) significa Não significativo ($P>0,05$) entre extractos de plantas

4.3.4 Aspeto

A Tabela (4.11) mostra que o resultado das propriedades de aparência do iogurte de ervas após a mistura (5%, 10% e 15%) de (*Z. officinale, P. cubeba, P. ginseng* e extrato misto) de extrato de ervas. O resultado não foi significativo (p<0,05) entre o controlo e o extrato de *P. cubeba* após o armazenamento do iogurte durante diferentes períodos de tempo. Embora não seja significativo entre o extrato de *P. ginseng* e o extrato misto. Mas o extrato de *Z. officinale* não foi considerado significativo com o extrato misto para efeitos de avaliação do aspeto do iogurte de ervas. O aspeto não foi significativo entre 5% e 10% de extrato de ervas. A concentração de 15% de extrato de ervas afectou significativamente o aspeto quando comparada com 10% de extrato. Após o armazenamento de 21 dias, o resultado não foi significativo entre 1st e 7th dias de armazenamento, enquanto que foi significativo entre 14th e 1st dia. Após 21st dias, o aspeto diminuiu. De acordo com a tabela (4.11), o resultado do aspeto não foi significativo ($p < 0,05$) entre 5%, 10% e 15% do extrato de *Z. officinale* a 1st dia de armazenamento, após 21 dias de armazenamento o aspeto diminuiu para ($5\pm0,78$) com 15%, não significativo com 15% de *P. cubeba*.

O aspeto mais baixo do iogurte de ervas com 15% de extrato de *P. ginseng* foi observado ($5,5\pm0,53$) após 21st dias de armazenamento. A avaliação do aspeto diminuiu para ($5\pm0,290$) com 15% de extrato misto de plantas após 21 dias de armazenamento, uma diminuição significativa quando comparada com o grupo de controlo que era ($7\pm0,598$). No presente estudo, o resultado da aparência não mostra diferença significativa entre as amostras de acordo com a desejabilidade da aparência do iogurte, a menor e a maior desejabilidade da aparência que foi diminuída pelo tempo, também o efeito do tempo de armazenamento e a quantidade de extractos de plantas na quantidade da desejabilidade da aparência encontrada por (Ghiassi 2011).

Tabela (4-11): O aspeto do iogurte de ervas após a mistura (5 %, 10% e 15%) de (*Z. officinale, P. cubeba, P. ginseng* e extrato misto) de extrato de ervas.

Type of herbs	Concentration	1st day	7th day	14th day	21st day	Means of Plants
Zingiber officinale	5 %	9.5±0.212	9.5±0,675	8±0.51	9±0.34	8.16±1.43 a
	10 %	9.5±0.31	8±0.897	8.5±0.67	7±0.54	
	15 %	9.5±0.11	7.5±0.97	7±0.231	5±0.78	
Piper cubeba	5 %	9.5±0.43	9.5±0.65	9.5±1.001	7±0.85	8.00±1.3 a
	10 %	8.5±0.543	8.5±0.732	8.5±0.210	7±0.98	
	15 %	8.5±0.121	7.5±0.75	7±0.90	5.6±0.12	
Panax ginseng	5 %	9±0.231	9±0.564	8.5±0.823	7±0.68	7.45±1.29 a
	10 %	8±0.71	8.5±0.754	7.5±0.934	6±0.431	
	15 %	6.5±0.34	7.5±0.234	7±1.01	5.5±0.53	

Mixed extract	5 %	8±0.54	8.5±0.423	6.5±1.3	6±0.22	7.04±1.4 **ba**
	10 %	7±0.564	6.5±0.367	6.5±1.32	6±0.191	
	15 %	7±0.345	6.5±0.453	6±1.12	5.1±0.290	
	Mean of days	8.61±1.04 **a**	8.19±1.04 **a**	7.76±1.15 **ba**	6.30±1.15 **c**	
	Mean of Conc.	**Zero**	**5%**	**10%**	**15%**	
		8.37±1.17 **a**	8.31±1.25 **a**	7.84±1,06 **a**	6.68±1.38 **b**	
	control	8.5±0.43	8.5±0.671	8.5±0.321	7±0.598	8.37±1.17 **a**

Letras minúsculas diferentes (abc) significam diferenças significativas (*P<0,05*) entre os extractos de plantas e as médias dos dias

4.4 Capacidade de retenção de água

A Tabela (4.12) mostra que o resultado da capacidade de retenção de água do iogurte de ervas após a mistura (5 %, 10% e 15%) de (*Z. officinale, P. cubeba, P. ginseng* e extrato misto) de extrato de ervas. O resultado não foi significativo (p<0,05) entre o controlo e os extractos de *P. ginseng* após o armazenamento do iogurte durante diferentes períodos de tempo. Embora não seja significativo entre o extrato de *Z. officinale* e o extrato misto. Mas o extrato de *P. cubeba* não é significativo com o extrato misto para afetar a percentagem da capacidade de retenção de água do iogurte de ervas durante o armazenamento. A concentração diferente de ervas não significativa (p<0,05). capacidade de retenção de água aumentou após o armazenamento, mas não significativa entre 10% e 15% de extrato, enquanto significativa quando comparada com o controlo. A concentração de 5% aumentou significativamente em comparação com o controlo.

A tabela (4.12) mostra que o armazenamento do iogurte durante 21 dias não é significativo entre 1st e 7th dias de armazenamento, enquanto que é significativo com 21st dias. Também não é significativo entre 14th e 7th dias e 21st dias para afetar a percentagem da capacidade de retenção de água. O resultado de 5% de extractos de *P. ginseng* foi (30,54±0,54%) a 1st dia após o armazenamento durante 21 dias diminuiu para (34,95±0,875%). O aumento significativo da retenção de água, quando comparado com o controlo, foi de (29,65±043%) em 1st dia e, depois de 21 dias, mudou para (29,80±0,541%). Após a mistura de 15% de extrato vegetal misto, a retenção de água mais elevada foi de (35,90±0,804%) após 21st dias, enquanto a retenção de água mais baixa com 5% de extrato vegetal misto foi de (31,60±0,7%) no 1st dia de armazenamento, o que aumentou significativamente a capacidade de retenção de água em comparação com o grupo de controlo durante o armazenamento. A percentagem da capacidade de retenção de água aumentou significativamente com o aumento da concentração do extrato de plantas com *Z. officinale*, extrato de *P. cubeba* durante o armazenamento. Embora não seja significativo entre 1st e 7th dias de armazenamento do extrato de *Z. officinale* quando comparado com o extrato de *P. cubeba*. A capacidade de retenção de água diminuiu após o armazenamento do iogurte no frigorífico. Os resultados da capacidade de retenção de água estão de acordo com Isanga e Zhang, (2009). Zhang, (2009). Como na tabela (4.12), houve diferenças significativas entre a capacidade de retenção de água (WHC) do iogurte de ervas e do controlo. A maior capacidade de retenção de água obtida para as amostras de iogurte feitas com extrato de plantas está de acordo com Benezech e Maingonnat (1994). As características físico-químicas do iogurte e a capacidade de retenção de água são, em primeiro lugar, muito diferentes entre as amostras de iogurtes com extrato de plantas ou adicionados de ervas. A capacidade de retenção de água de um gel proteico é um parâmetro importante no fabrico de iogurte. A capacidade média de retenção de água das amostras diminuiu durante o período de armazenamento, os resultados mostram que os aditivos têm um impacto significativo, tal como constatado por Remeuf *et al.,*2003).

Tabela (4-12): A capacidade de retenção de água do iogurte de ervas após a mistura (5 %, 10% e 15%) de *(Z officinale, P. cubeba, P. ginseng* e extrato misto) de ervas

Type of herbs	Concentration	1st day	7th day	14th day	21st day	Means of Plants
Zingiber officinale	5 %	32.01±1.213	31.76±2.96	33.27±1.01	34.50±0.43	33.65 ±1.01 b
	10 %	32.85±0.32	32.50±0.89	34.00±1.92	34.95±0.54	
	15 %	34.05±0.4	34.05±0.710	34.65±0.378	35.10±0.96	
Piper cubeba	5 %	32.66±0.65	33.71±0.522	34.15±0.688	34.00±0.77	34.75 ±0.98 a
	10 %	33.32±0.33	34.29±0.40	34.65±0.61	34.95±0.3	
	15 %	34.94±1.49	34.47±0.86	35.25±0.32	35.50±0.88	
Panax ginseng	5 %	30.54±0.54	33.15±0.56	33.90±0.63	34.95±0.875	31. 5 ±1.29 c
	10 %	32.90±2.65	33.90±0.39	34.50±0.89	35.50±2.111	
	15 %	33.35±1.98	34.89±0.78	35.30±0.654	35.99±0.422	
Mixed extract	5 %	31.60±1.7	32.25±0.92	33.00±0.833	32.91±0.51	33.89 ±2.11 b
	10 %	33.06±1.12	33.20±0.881	33.75±1.661	33.80±0.955	
	15 %	33.94±0.31	34.20±0.01	34.50±0.8	35.90±0.804	
	Mean of days	39.93±4.8 ab	33.13±1.6 a	33.85±1.54 a	34.32±1.6 a	
	Mean of Conc.	Zero	5%	10%	15%	
		29.30±0.4 c	32.34±4.3 b	33.94±0.98 a	34.64±0.73 a	
	control	29.65±2.43	28.65±1.55	29.20±1.74	29.80±1.541	28.9±1.41 d

Letras minúsculas diferentes (abc) significam diferenças significativas (*P<0,05*) entre os extractos de plantas e as médias dos dias

4. 5 A Viscosidade

A Tabela (4.13) mostra que o resultado da viscosidade do iogurte de ervas após a mistura (5 %, 10% e 15%) de (*Z. officinale, P. cubeba, P. ginseng* e extrato misto) de extrato de ervas. O resultado não foi significativo (p<0,05) entre o controlo e os extractos de *P. ginseng* após o armazenamento do iogurte durante diferentes períodos de tempo. A viscosidade é expressa em centipoise (C.P). Também não significativo entre *Z. officinale, P. cubeba, P. ginseng* e extrato misto para efeito na viscosidade. Não significativo entre as concentrações durante o estudo. Após o armazenamento do iogurte de ervas, não foi significativo entre 1st e 7th dias de armazenamento. Aos 21st dias, a viscosidade aumentou significativamente quando comparada com os 14 dias de armazenamento.

O resultado do extrato de *P. ginseng a* 5% apresentado na tabela (4.13) mostra que a viscosidade não é significativa (p<0.05) entre 7th e 14th de armazenamento, mas após 21 dias aumentou significativamente para (2830±3.2 c.p.). mas não significativa entre 5% e 15% após 21st de armazenamento. A viscosidade mais elevada com 10% foi (3180±4,9 c.p.) que foi significativa quando comparada com 5%, 10% e 15% do extrato vegetal misto foi (3183±3,9 c.p.), (3293±5,1 c.p.) e (3135±2,9 c.p.). A viscosidade mais elevada do extrato de *Z. officinale* foi de (3023±3,1 c.p.) com 10% aos 21st dias de armazenamento, com um aumento significativo quando comparado com o grupo de controlo (2683,79±3,1 c.p.). A viscosidade mais baixa de *P. cubeba* foi (1029,67±3,2 c.p.) aos 7th dias de armazenamento, enquanto a viscosidade aumentou significativamente para (3233±3,1 c.p.) após 21 dias.

No presente estudo, o resultado do extrato de ervas também ajuda a aumentar a viscosidade do iogurte. A viscosidade varia geralmente em função da quantidade de extrato no iogurte, o que está de acordo com Akin e Konar (1999). Noutra investigação sobre a viscosidade, verificou-se que os extractos de plantas e frutos adicionados ao iogurte provocam um aumento da inconsistência Kamruzzaman *et al.*, (2002). O desenvolvimento da viscosidade está relacionado com a agregação de micelas de caseína e a formação de gel, consequentemente com as alterações bioquímicas e físico-químicas durante a fermentação do leite, Dalgleish *et al.,* (1988). A 1st e a 21st dias de armazenamento, o valor da viscosidade aumentou com o aumento da concentração de pó de ervas adicionado ao iogurte, o que está de acordo com Antonov *et al.* (1996).

Tabela (4-13): A viscosidade do iogurte de ervas após a mistura (5 %, 10% e 15%) de *(Z officinale, P. cubeba, P. ginseng* e extrato misto) de extrato de ervas.

Type of herbs	Concentration	1st day	7th day	14th day	21st day	Means of Plants
Zingiber officinale	5 %	1383.3±3.12	1306±5.2	1560±4.3	2660±7.8	1892.1±60.1 N.S
	10 %	1910±4.2	1250±3.3	1549.893±2.2	3023±3.1	
	15 %	1670±6.1	1745±4.9	1860±3.9	2786±2.6	
Piper cubeba	5 %	1560±5.4	1366±6.9	1402.3±4.3	2390±2.1	1717.4±70.1 N.S
	10 %	1270±4.5	1029.67±3.2	1311±5.4	3233±3.1	
	15 %	1305±7.3	1241.33±4.7	1688.6±3.4	2810±5.26	
Panax ginseng	5 %	1376.8±5.6	1666±6.46	1733±4.2	2830±3.2	1943.5±64.7 N.S
	10 %	1623.23±3.9	1779.412±5.67	1823.91±4.1	3180±4.9	
	15 %	1206.91±4.3	1542. ±4.8	1682.6±5.9	2877±3.2	
Mixed extract	5 %	1320.67±5.4	1236±3.1	1554±4.7	3183±3.9	1949.6±77.6 N.S
	10 %	1960.50±4.3	1370±6.2	1595±3.3	3293±5.1	
	15 %	1586.67±6.2	1513±3.5	1647±4.7	3135±2.9	
	Mean of days	1431.4±38.1 b	1384.1±15.8 b	1605.3±16 b	2929.7±27.1 a	
	Mean of Conc.	Zero 1381.3±96.2 N.S	5% 1783.1±61.8 N.S	10% 1950.1±78.9 N.S	15% 1893.7±63.0 N.S	
	control	436.17±6.3	945.83±5.1	1460±4.1	2683.79±3.1	1381.3±96.3 N.S

Letras minúsculas diferentes (abc) significam diferenças significativas ($P<0,05$) entre a média de dias (N.S.) significa Não significativo ($P>0,05$) entre extractos de plantas

4.6 Percentagem de inibição do iogurte à base de plantas

A Tabela (4.14) mostra que o resultado da percentagem de inibição do iogurte de ervas após a mistura (5%, 10% e 15%) de (Z. officinale, P. cubeba, P. ginseng e extrato misto) do extrato de ervas. Os resultados foram significativos (p<0,05) entre o controlo e o extrato de ervas durante o estudo. Embora não sejam significativos entre o extrato misto de plantas e os extractos de P. ginseng após o armazenamento do iogurte durante diferentes períodos de tempo. Mas significativo entre os extractos de Z. officinale e P. cubeba. Depois de misturar as diferentes concentrações, o resultado é significativo entre o controlo e a concentração. Mas não significativo entre 5% e 10% do extrato da planta. Os 15% afectaram significativamente a percentagem de inibição.

O resultado da percentagem de inibição foi mostrado na tabela (4.14) não significativo entre 1st e 7th dias após o armazenamento, a inibição diminuiu gradualmente após 14th 21 dias de armazenamento. A percentagem de inibição do iogurte com extrato de *Z. officinale não foi* significativa entre 1st e 21st dias de armazenamento, enquanto a inibição mais elevada foi de (81,2±5,8 %) no 1st dia com 15%, após 21 dias de armazenamento diminuiu para (73,1±6,2%), enquanto a significativa com 10% foi de (72,43±7,1%).

Após a mistura de 5%, 10% e 15% do extrato de *P. cubeba,* o resultado não foi significativo entre 1st dia e 21st dias de armazenamento. Após o armazenamento 7th dias de 15% do extrato da planta, a inibição mais elevada (56,4±4,9%), após o armazenamento 21st foi reduzida para (49,4±3,3%), o que não foi significativo quando comparado com o extrato de *Z. officinale* para aumentar a percentagem de inibição. A inibição do iogurte de ervas aumentou com o aumento da concentração com o extrato de *P. ginseng* (48,5±5,1%) para (62,1±4,6%) no primeiro dia de armazenamento. Nos 7th dias de armazenamento, a inibição mais elevada foi de 15% (64,45±5,4%), o que afectou significativamente a inibição mais do que o extrato de outras plantas, mas não foi significativo quando comparado com o grupo de controlo (63,75±5,3%). Depois de misturar o extrato de planta (1:1:1), o resultado foi mostrado na tabela (4.14), a inibição menos afetada na inibição durante o armazenamento, também não significativa em comparação com o grupo de controlo após o armazenamento 21st dias de iogurte de ervas. No presente estudo, o resultado do extrato misto de plantas foi inferior ao de outras plantas, tendo o extrato de *P.cubeba* causado um efeito menor na percentagem de inibição.

No presente estudo, todos os iogurtes à base de plantas apresentaram uma atividade antioxidante mais elevada ($p < 0,05$) do que o iogurte simples, no final da fermentação e durante todo o período de armazenamento. A inibição da oxidação DPPH por cada iogurte aumentou para valores mais elevados após o 7° dia de armazenamento refrigerado, seguido de uma redução gradual após 21st dias de armazenamento (tabela 4.14), o que está de acordo com Ishikawa *et al.* (2002). As actividades antioxidantes mais elevadas nos iogurtes à base de ervas do que nos iogurtes simples foram muito provavelmente contribuídas pelo conteúdo fitoquímico individual das ervas e como resultado das actividades microbianas, (Papadimitriou *et al,.* 2007).

Muitos investigadores referiram que a relação entre o teor fenólico e a atividade antioxidante. Em alguns estudos, encontraram uma correlação entre o conteúdo fenólico e a atividade antioxidante, o que está de acordo com (Velioglu *et al.*, 1998). A atividade antioxidante do iogurte de ervas preparado com diferentes níveis de ervas medicinais seleccionadas pode ser determinada de forma precisa, conveniente e rápida utilizando o teste DPPH. Os resultados do presente estudo revelaram que a inclusão de extrato de ervas no iogurte alterou significativamente as propriedades antioxidantes das amostras de iogurte. Entre os diferentes níveis de ervas, a % máxima de atividade DPPH e FRAP

(Rashid *et al.*, 2012).

Embora o ginseng desempenhe um papel na gestão e prevenção de doenças crónicas, a sua eficácia depende da saúde do microbiota intestinal, uma vez que a microflora intestinal é responsável pela bioactivação dos ginsenósidos uma vez ingeridos, uma série de reacções conduzidas pela microflora intestinal, de acordo com (Lee *et al,.*2006).

Tabela (4-14): A percentagem de inibição do iogurte de ervas após a mistura (5 %, 10% e 15%) de *(Z officinale, P. cubeba, P. ginseng* e extrato misto).

Type of herbs	Concentration	1st day	7th day	14th day	21st day	Means of Plants
Zingiber officinale	5 %	65.3±4.1	64.21±5	66.3±4.98	64.31±6	71.86±5.83 a
	10 %	73.4±5.1	76.34±6.1	75.6±7.1	72.43±7.1	
	15 %	78.2±5.8	79.4±5.23	74.65±6.7	73.1±6.2	
Piper cubeba	5 %	38.1±3.1	40.3±3.3	39.90±2.9	37.02±2.1	45.75±6.73 c
	10 %	45±4.3	46.3±3.2	47.4±4.9	43±2.6	
	15 %	53.4±4.1	56.4±4.9	56.3±5.3	49.4±3.3	
Panax ginseng	5 %	48.5±5.1	52.32±3.64	51.5±4.3	50.5±4.67	56.20±5.58 b
	10 %	56.4±4.21	59.7±4.7	54.211±3.6	53.6±5.1	
	15 %	62.1±4.6	64.45±5.4	63.82±5.2	62.87±6.02	
Mixed extract	5 %	45.6±3.7	46.54±2.98	44.87±3.2	44.61±4.3	52.33±6.95 b
	10 %	51.3±4.6	51.51±4.8	55.44±3.79	53.42±5	
	15 %	59.4±5.9	62.6±5.2	60.3±4.3	60.49±6.3	
	Mean of days	54.11±14.18 N.S	56.23±12.90 N.S	55.36±12.30 N.S	53.34±12.54 N.S	
	Mean of Conc.	Zero	5%	10%	15%	
		33.40±2.95 c	49.46±1.16 ba	56.83±1.13 a	63.31±2.06 a	
	control	44. 35±2.9	63.75±5.3	53.4±5.9	42.71±3.2	33.40±2.95 d

Letras minúsculas diferentes (abc) significam diferenças significativas (*P<0,05*) entre extractos de plantas (N.S.) significa Não significativo (*P>0,05*) entre médias de dia

4.7 Efeito do extrato de ervas e da sua combinação na análise da textura do iogurte

4.7.1 A dureza

A Tabela (4.15) mostra que o resultado do iogurte de ervas após a mistura (5%, 10% e 15%) de (*Z. officinale, P. cubeba, P. ginseng* e extrato misto) de extrato de ervas. Não houve diferença significativa entre o extrato de plantas e o controlo durante o estudo. Após o armazenamento do iogurte durante 21 dias, os resultados não foram significativos entre 5%, 10% e 15%. Após o armazenamento durante 21 dias, o tempo de armazenamento aumentou. O resultado da dureza aumentou significativamente após um longo período de armazenamento com o extrato de *Z. officinale* (79±6,1g) para (105±6,9g), sendo a dureza mais elevada com 10% após 21 dias de armazenamento. Enquanto a maior dureza com 10% de extrato de *P. cubeba* após 14th dias de armazenamento foi (121,5±9,2 g). A dureza aumentou significativamente após o armazenamento. O resultado da mistura de extrato de plantas aumentou significativamente a dureza em comparação com o grupo de controlo. O iogurte sem extrato de plantas foi de (110±9,7 g) após 21 dias de armazenamento, o que não foi significativo com 5%, 10% e 15% de extrato de *Z. officinale*, enquanto diminuiu significativamente quando comparado com 1st e 7th dias de extrato de *P. cubeba*. Mas não significativo entre 5%, 10% e 15% do extrato de *P. ginseng* no primeiro dia de armazenamento foi (74,5±6,3g), (80,5±8,1g) e (73,5±6,3g). A maior dureza do iogurte foi (104±8,37g).

No presente estudo, a dureza do iogurte A dureza do iogurte aumenta com o aumento do tempo de fermentação, a dureza do iogurte aumenta com a duração do processo de aquecimento e foi reconhecida aos grupos sulfidrais (Vijayananda *et al.*, 1989). Durante o período de fermentação do leite, é produzido gel para fazer iogurte, aumentando assim a dureza. O aumento da concentração do extrato de ervas resultou num aumento da dureza, o que pode estar relacionado com o aumento do teor de matéria seca (Radi *et al.*, 2009),

A dureza do extrato de *P. cubeba foi* significativamente superior à do controlo. O extrato de *P. cubeba* teve a maior influência na qualidade textural do iogurte. Este resultado pode ser devido aos componentes químicos (fenóis, flavonóides e vitaminas) que tendem a produzir resistência à deformação estrutural do extrato de *P. cubeba*, (Dennapa *et al.*, 2006).

Tabela (4-15): Dureza (g) do iogurte de ervas após a mistura (5 %, 10% e 15%) de *(Z officinale, P. cubeba, P. ginseng* e extrato misto) de extrato de ervas.

Type of herbs	Concentration	1st day	7th day	14th day	21st day	Means of Plants
Zingiber officinale	5 %	79±6.1	85.8±8.7	107.6±7.72	105±6.9	87.67±13.70 a
	10 %	74.5±7.3	80.9±7.9	100.5±8.32	109±6.3	
	15 %	74.5±8.4	75.4±8	78±6.32	82±6.4	
Piper cubeba	5 %	68±5.4	72±6.5	77±5.6	79±8.9	88.94±19.2 a
	10 %	68.7±5.2	90±9.2	121.5±9.2	110±7.3	
	15 %	70.2±6.8	98±8.7	105.5±8.90	110.3±7.65	

Panax ginseng	5 %	74.5±6.3	89±5.9	97±8.6	104±8.37	85.99±10.01 a
	10 %	80.5±8.1	87.5±7.5	90±7.52	98±7.96	
	15 %	73.5±6.3	75±8.4	79.9±6.9	83±7.3	
Mixed extract	5 %	72.5±5.2	90.8±9.8	108±8.98	112±7.4	94.99±13.68 b
	10 %	79±7.5	84±8.5	100±9.1	105±8.54	
	15 %	84.5±9.01	91.5±8.3	98.5±7.2	104±8.3	
	Mean of days	75.09±2 c	81.8±2.9 b	95.9±3.9 a	100.5±2.4 a	
	Mean of Conc.	Zero	5%	10%	15%	
		100.98±22.1 a	89.39±16.08 b	92.40±14.25 b	86.41±13.07 c	
	control	71±5	98±8.8	104.9±9.6	110±9.7	100.98±22.08 b

Letras minúsculas diferentes (abc) significam diferenças significativas ($P<0,05$) entre os extractos de plantas e as médias dos **dias**

A tabela (4.16) mostra que o resultado da coesão do iogurte de ervas após a mistura (5%, 10% e 15%) de (*Z. officinale, P. cubeba, P. ginseng* e extrato misto) de extrato de ervas. Após o armazenamento do iogurte, o resultado não foi significativo entre o extrato de todas as plantas após a mistura com diferentes extractos de plantas quando comparado com o grupo de controlo. Também as diferentes concentrações de plantas não afectaram a coesividade do iogurte durante o armazenamento, enquanto o armazenamento do iogurte de ervas durante 21 dias foi significativo (p<0,05) entre o primeiro dia e 7th dias de armazenamento. Mas não significativo (p<0,05) entre 14th e 21st dias de armazenamento. Após um longo período de armazenamento, o resultado da coesividade diminuiu significativamente.

O resultado mais elevado de coesividade do extrato de *P. cubeba* no primeiro dia de armazenamento foi (0,58±0,03) com 5%, após o armazenamento durante 14 dias diminuiu para (0,49±0,048). O resultado mais baixo foi (0,32±0,041) com 15% aos 14th dias. Também não foi significativo entre 14th e 21st dias em comparação com o grupo de controlo. O resultado da coesividade diminuiu com o extrato de *Z. officinale* após o armazenamento. A coesividade mais baixa foi de (0,32±0,04) com 15%, enquanto a mais alta foi de (0,55±0,02) com 5% de extrato de *Z. officinale. Os* resultados não foram significativos entre 5% de extrato de *Z. officinale* e extrato de *P. ginseng* no primeiro tempo de armazenamento. Após a mistura dos extractos de plantas, o resultado da coesividade não aumentou com o aumento de 5%, 10% e 15% de plantas misturadas. Na tabela (4.16), a coesividade do iogurte sem ervas foi (0,49±0,032) no primeiro dia e diminuiu para

$(0,39\pm0,011)$ após 21st dias de armazenamento do iogurte, o que é significativo com os extractos de plantas.

No presente estudo, o resultado da coesividade do iogurte diminuiu após o armazenamento no frigorífico durante 21 dias. Foram consideradas propriedades de textura como a coesividade. Como o iogurte apresenta um comportamento pseudoplástico e exibe tixotropia parcial, a coesividade é definida como as forças de ligações internas, que mantêm o produto como um todo, (Domagala *et al,*. 2006). Os valores de coesividade das amostras analisadas foram superiores aos do iogurte natural, o que está de acordo com (Glibowski e Wasko 2008).

Tabela (4-16): A coesão do iogurte de ervas após a mistura (5 %, 10% e 15%) de *(Z officinale, P. cubeba, P. ginseng* e extrato misto) de extrato de ervas.

Type of herbs	Concentration	1st day	7th day	14th day	21st day	Means of Plants
Zingiber officinale	5 %	0.55±0.02	0.47±0.21	0.43±0.033	0.41±0.062	0.446±0.07 N.S
	10 %	0.54±0.19	0.48±0.051	0.49±0.09	0.39±0.051	
	15 %	0.51±0.13	0.4±0.04	0.37±0.061	0.32±0.04	
Piper cubeba	5 %	0.58±0.03	0.51±0.44	0.49±0.048	0.46±0.031	0.461±0.09 N.S
	10 %	0.56±0.17	0.47±0.21	0.34±0.03	0.38±0.042	
	15 %	0.50±0.19	0.43±0.05	0.32±0.041	0.4±0.029	
Panax ginseng	5 %	0.55±0.05	0.46±0.071	0.3±0.12	0.34±0.01	0.447±0.08 N.S
	10 %	0.53±0.021	0.41±0.63	0.43±0.32	0.38±0.042	
	15 %	0.51±0.3	0.52±0.059	0.47±0.12	0.41±0.092	
Mixed extract	5 %	0.54±0.04	0.43±0.08	0.34±0.01	0.34±0.06	0.450±0.07 N.S
	10 %	0.54±0.09	0.42±0.034	0.38±0.03	0.37±0.0.41	
	15 %	0.54±0.051	0.51±0.027	0.49±0.06	0.43±0.03	
	Mean of days	0.51. ±0.08 a	0.49±0.06 a	0. 41±0.04 b	0.38±0.03 c	
	Mean of Conc.	Zero 0.450±0.043 N.S	5% 0.450±0.086 N.S	10% 0.450±0.071 N.S	15% 0.450±0.081 N.S	
	control	0.49±0.032	0.47±0.025	0.45±0.042	0.39±0.011	0.450±0.04 N.S

Letras minúsculas diferentes (abc) significam diferenças significativas ($P<0,05$) entre os extractos de plantas (N.S.) significa Não. Significativo ($P>0,05$) entre as médias do dia

4.7.3 A elasticidade

A Tabela (4.17) mostra que o resultado da elasticidade do iogurte de ervas após a mistura (5%, 10% e 15%) de (*Z. officinale, P. cubeba, P. ginseng* e extrato misto) de extrato de ervas. O resultado da elasticidade não foi significativo entre o extrato misto de plantas e o extrato de *Z. officinale*, nem significativo entre o grupo de controlo e o extrato de *P. ginseng*. Embora significativo entre o extrato de *P. ginseng* e o extrato de *P. cubeba*. Depois de misturar o extrato da planta com diferentes concentrações, os resultados não foram significativos entre 5%, 10% e 15% após o armazenamento durante 21 dias. O resultado não é significativo entre o primeiro dia de armazenamento e 7th dias, mas é significativo com 14th dias de armazenamento. A elasticidade diminuiu significativamente após 21 dias de armazenamento. De acordo com a tabela (4.17), o resultado do extrato de *Z. officinale mostra que a elasticidade* diminuiu significativamente após o armazenamento. A elasticidade mais baixa foi (13,8±3,01mm) com 10% após 21 dias, e a mais significativa com 10% de extrato de *P. cubeba* foi (13,7±0,84mm). Enquanto a maior elasticidade do extrato de *Z. officinale* foi (19,6±2,1mm) após 7 dias de armazenamento. A elasticidade aumentou com o aumento das concentrações para (19,5±2,2 mm) com 15% de extrato de plantas mistas, após 21 dias de armazenamento foi alterada para (15,9±1,5 mm). O resultado da elasticidade do iogurte com 5% e 10% de extrato de *P. ginseng* não foi significativo entre 1st e 7th de armazenamento. O extrato de *P. ginseng* aumentou significativamente em comparação com o grupo de controlo.

No presente estudo, a elasticidade reflecte a integridade estrutural do iogurte. Uma maior coesão e elasticidade podem estar relacionadas com estruturas de gel mais fortes, indicando uma maior integridade estrutural; talvez devido ao aumento dos grupos carregados nos grupos de aminoácidos - uma função da desnaturação da proteína do soro de leite, Megenis *et al.*, (2006). Os valores de elasticidade (mm) são apresentados na tabela (4.17). A interação entre o tratamento com diferentes extractos de ervas e o tempo foi significativa (p<0,05). O valor mais elevado de flexibilidade foi determinado no iogurte adicionado de extrato de *P. cubeba*. A flexibilidade diminuiu nas amostras de iogurte preparadas com extrato de *P. cubeba* entre 1st , 7th e 14th dias, no final do 21st dia, foi observada uma diminuição.

Rawson e Marshall (1997) afirmam que a matriz proteica é responsável pela elasticidade do iogurte. O comprimento que a amostra recupera em altura durante o tempo que decorre entre o fim do primeiro ciclo de compressão e o início do segundo ciclo de compressão é definido como elasticidade (originalmente designada por elasticidade), de acordo com (Ozcan, *et al*,. 2011).

Tabela (4-17): A elasticidade (mm) do iogurte de ervas após a mistura (5 %, 10% e 15%) de (*Z officinale, P. cubeba, P. ginseng* e extrato misto) de extrato de ervas.

Type of herbs	Concentration	1st day	7th day	14th day	21st day	Means of Plants
Zingiber officinale	5 %	17.4±2.31	19.6±2.1	21.7±111	18.4±1.32	17.89±2.1 a
	10 %	18.2±3.4	17.9±1.67	14.3±1.36	13.8±3.01	
	15 %	17.9±1.98	18.6±1.4	19.8±2.01	17.6±1.3	
Piper cubeba	5 %	19.2±1.2	19±1.9	18.7±1.08	16.1±0.9	16.31±3.1 ba
	10 %	19.8±1.65	18.1±2.1	13.8±2.33	13.7±0.84	
	15 %	20.1±2.7	16.9±0.989	13.8±1.01	12.7±1.001	
Panax ginseng	5 %	17.98±1.8	17.1±2.8	17.5±2.1	15.8±1.2	18.88±2.00 a
	10 %	18.7±3.1	18.1±2.1	18.7±1.8	19.2±2.3	
	15 %	19.8±2.9	19.3±1.71	20.1±4.1	24.1±2.4	
Mixed extract	5 %	17.8±2.2	17.2±1.4	15.7±3.01	12.4±3.01	17.27±1.9 a
	10 %	18±3.3	18±2.6	18.9±2	13.1±1.2	
	15 %	19.5±2.2	17.5±1.9	16.8±2.9	15.9±1.5	
	Mean of days	17.9±2.3 a	16.98±1.9 b	18.3±2.9 a	16.9±1.98 c	
	Mean of Conc.	Zero	5%	10%	15%	
		19.32±1.6 N.S	17.81±2.1 N.S	17.16±2.7 N.S	17.79±2.5 N.S	
	control	17.6±1.4	21.5±1.31	19.6±1.8	18.6±1.7	19.32±1.6 a

Letras minúsculas diferentes (abc) significam diferenças significativas ($P<0,05$) entre extractos de plantas e médias de dias

4-8 Efeito do extrato de ervas do iogurte e da sua combinação na morfologia do esperma

4-8-1 Cabeça de esperma anormal:

De acordo com os resultados apresentados na tabela (4.18), a percentagem de espermatozóides anormais aumentou significativamente (p<0,05) com o cloreto de cádmio em comparação com o grupo de controlo, após o tratamento dos ratos machos com diferentes extracções de plantas com iogurte de leite de vaca durante 21 dias. O animal tratado com o extrato aquoso de *Z.officinale, P. ginseng* e *P.cubeba* nas diferentes concentrações de extrato de plantas significativo (p<0,05) entre *P. ginseng* e *P.cubeba*, também o extrato de plantas misto significativo (p<0,05) com *Z.officinale*, quando comparado com o grupo do cádmio, o resultado apresentado na figura (4.18) fornece o extrato de plantas significativamente afetado na morfologia e anormalidade da cabeça do esperma. Há uma diferença significativa entre a concentração (5 mg/animal por dia) e (10 mg e 15 mg/animal por dia) depois de alimentar os ratos durante 21 dias com diferentes extractos de plantas. A concentração (10 mg) e (15 mg) no extrato de plantas não é significativa.

O extrato de *Z. officinale* com concentração (5mg, 10mg e 15 mg) foi de (12,19±0,08%, 7,14±0,21% e 13,41±1,07%) respetivamente, verificámos que a concentração de 10 mg melhorou a anormalidade da cabeça dos espermatozóides em comparação com as outras concentrações e o grupo do cádmio foi de (9,83±0,25%). Ou seja, o aumento da concentração não reduziu a anormalidade da cabeça dos espermatozóides, o extrato de *Z.officinale* com a concentração (5 mg e 15 mg) apresentou a maior alteração das anomalias da cabeça dos espermatozóides (12,19±0,08% e 13,41±1,07%). Enquanto a concentração (5mg, 10mg e 15 mg/animal) do extrato de *P. ginseng* foi (21,06±0,88%, 24,10±0,67% e 17,67±0,17%), os resultados revelaram uma redução significativa da alteração da anormalidade nas concentrações (5mg) e (15mg) em comparação com o extrato misto de plantas foi (10,27±0,61% e 12,10±0,18%). A anormalidade da cabeça do esperma com o extrato de *P. ginseng* foi significativa (p<0,05), reduzida quando comparada com o grupo do cádmio (9,83±0,25 %).

A percentagem da anormalidade da cabeça dos espermatozóides diminuiu com o aumento da concentração do extrato de *P.cubeba, tendo* a anormalidade da cabeça diminuído na concentração (5mg e 10 mg) (23,66±0,51%) para (16,94±0,29%). Embora não seja significativo (p<0,05), entre as concentrações (10mg) e (15mg) foram (16,94±0,29%) e (16,94±0,29%) respetivamente. Após o tratamento de ratinhos machos com a combinação da proporção de três extractos de plantas (1:1:1) de (*Z.officinale, P. ginseng* e *P.cubeba)* em três concentrações diferentes (5mg, 10mg e 15 mg/rato). O resultado mostrado na tabela (4.18) a percentagem de espermatozóides anormais significativa (p<0.05) em comparação com *P.cubeba*. A concentração média do extrato misto de ervas com iogurte de leite de vaca foi (10,27±0,61%, 12,28±2,75% e 12,10±0,18% respetivamente). Não há significância entre (12.28±2.75%) e (12.10±0.18%), significativamente para reduzir as anormalidades da cabeça do esperma em comparação com a mesma concentração em *P.cubeba* foi (23.66±0.51%), enquanto o (5 mg) de *Z. officinale* foi (12.19±0.08) não significativo com o extrato de plantas mistas. O resultado do presente estudo mostrou uma diminuição significativa das médias de anormalidade da cabeça dos espermatozóides dos ratos machos tratados com (5 mg, 10 mg e 15 mg/rato) por dia de extrato de plantas e extrato de *Z. officinale* com iogurte de leite de vaca, devido ao extrato de plantas misto composto por uma parte de extrato de *Z. officinale*, depois de expor os ratos a 50 mg/kg/rato durante 3 semanas de cádmio, em comparação com o controlo. Este resultado pode ser atribuído à elevada concentração e ao período de exposição ao cádmio que causam efeitos na morfologia dos espermatozóides da cabeça (Akram *et al.*, 2012). A morfologia dos espermatozóides é um indicador de produção ou maturação de espermatozóides alterada e também está associada à redução da capacidade de fertilização. (Smith *et al.*, 1985).

Os resultados do presente estudo mostram que *a Z.officinale* tem um efeito benéfico nas funções reprodutoras masculinas e na morfologia dos ratos machos. Estes dados são confirmados pela nossa observação sobre a diminuição da anormalidade da cabeça dos espermatozóides na concentração (10mg/camundongo), o resultado está de acordo com (Sikka, *et al.*,1995). (Lim 2013) relatou que os extractos de *Z.officinale* têm sido extensivamente estudados para uma vasta gama de actividades biológicas, especialmente actividades antioxidantes.

No presente estudo, o extrato de *P. ginseng* afectou significativamente a morfologia dos espermatozóides dos ratos quando comparado com *Z. officinale*, resultado que está de acordo com (Hasegawa H. 2004). Depois de tratar os ratos machos com o extrato misto de plantas afectou significativamente a anormalidade dos espermatozóides da cabeça quando comparado com *P.cubeba*, o resultado deve-se à interação entre os componentes do efeito do extrato misto de plantas na morfologia dos espermatozóides e à diminuição da anormalidade dos espermatozóides, concordando com (Adeeko.,*at el.,* 2009).

Concentration	**Plant species**					
	Zingiber officinale	*Panax ginseng*	*Piper cubeba*	**Mixed extract**	**Mean**	$F_{Concentration}$ $p \leq 0.05$ = 8.7
5 mg/ mouse	12.19±0.08	21.06±0.88	23.66±0.51	10.27±0.61	16.797±6.6 a	
10 mg/ mouse	7.14±0.21	24.10±0.67	16.77±2.46	12.28±2.75	15.077±7.2 b	
15 mg/ mouse	13.41±1.07	17.67±0.17	16.94±0.29	12.10±0.18	15.029±2.7 b	
Mean	10.916±3.32 c	20.944±3.2 2 a	19.121±3.93 b	11.549±1.11 c	$F_{Interaction}$ $p \leq 0.05$ = 24.24	
F plant Species $p \leq 0.05$ = 169.68					**L.S.D Interaction** $p \leq$ **0.05** = *1.878*	
Control Non treated Value=**12.57±0.55**			Control treated with Cdcl2=**9.83±0.25**			

Letras minúsculas diferentes (abc) significam diferenças significativas (*P<0*,05) entre os extractos de plantas e as médias das concentrações

4.8.2 Cauda anormal do esperma:

Os ratos machos foram examinados com iogurte de ervas fortificado com extrato aquoso de *Z.officinale*, *P.ginseng* e *P. cubeba* com as diferentes concentrações de plantas (5mg, 10mg e 15 mg) após alimentação durante 21 dias. De acordo com os resultados apresentados na tabela (4.19), a percentagem de espermatozóides com cauda anormal é significativa (p<0,05) entre todas as extracções de plantas em comparação com o grupo do cádmio, sendo significativa entre o extrato de

P.ginseng e o extrato de plantas mistas. Na tabela (4.19), o resultado mostra que não há significância entre *P. cubeba e Z.officinale* para reduzir a morfologia da cauda do esperma dos ratos em diferentes concentrações. Enquanto o significativo entre o extrato de *P.ginseng* e *P. cubeba para reduzir* a anormalidade da cauda do esperma. Também o extrato de *P. cubeba* diminuiu significativamente a anormalidade da cauda do esperma em comparação com o extrato de planta mista. O extrato de *P.ginseng* reduziu significativamente a anormalidade da morfologia dos espermatozóides em comparação com *Z.officinale*, extrato misto e *P. cubeba*, em concentrações (5mg, 10mg, 15mg / ratos) por dia durante 21 dias após a receção de animais com 50mg/kg/ratos de cloreto de cádmio durante 3 semanas.

O resultado na tabela (4.19) mostra que a anormalidade dos espermatozóides da cauda em percentagem. Os ratos depois de administrados com cloreto de cádmio foram (21,37±0,15 %), o animal depois de alimentado com *P.ginsengin* em todas as concentrações foi significativo (p<0,05) entre (5mg, 10mg e 15mg/rato) o resultado foi (13,80±0,94%, 8,09 ±0,34% e 12.48±0,43%) respetivamente, a concentração (10mg) diminuiu significativamente a anormalidade do esperma da cauda em comparação com (10mg/rato) em *Z. officinale*, extrato misto e *P. cubeba*, foi (15,50±0,87%), (12,83±0,72%) e (18,10±0,66%), respetivamente. A Tabela (4.19) mostra que o resultado com *P. cubeba* significativo (p<0,05) para reduzir a anormalidade do esperma da cauda quando comparado com o grupo do cádmio foi (21,37±0,15%) e o extrato misto na concentração (15mg/rato) foi (13,18±1,03%) e (18,31±0,58%), respetivamente. Enquanto a concentração (15mg/rato) de *Z. officinale* foi (10,30±0,46%) significativa (p<0,05) quando comparada com *P.ginseng* foi (12,48±0,43%), enquanto o extrato de *P.ginseng* reduziu significativamente a anormalidade dos espermatozóides da cauda em ratos machos na concentração (5mg/rato) foi (13.80±0.94%) quando comparado com *Z. officinale*, extrato misto e extrato de *P. cubeba* na mesma concentração foi (15.50±0.87%), (18.07±0.85%) e (14.70±0.46%) respetivamente. O resultado na tabela (4.19) mostra que o aumento da concentração de extrato de planta com iogurte de leite de vaca não é significativo (p<0,05) para reduzir a anormalidade da cauda do esperma em extrato de planta mista foi (18,07±0,85%) para (18,31±0,58%) na concentração (10mg/rato) e (15mg/rato) após 21 dias. Na concentração (5mg/rato) e (10mg/rato) do extrato de *P.ginseng* foi (13,80±0,94%), (8,09 ±0,34%) significativo (p<0,05) para reduzir a anomalia dos espermatozóides da cauda, que diminuem a anomalia ao aumentar a concentração. Após a administração de diferentes extractos de plantas, os concentrados de extrato de *Z. officinale* com iogurte tiveram efeitos significativos em vários parâmetros reprodutivos em concomitância com a injeção de grupos de cádmio, e após a injeção de cloreto de cádmio previamente durante três semanas noutra mão, e a sua capacidade de corrigir o efeito adverso do cádmio na imagem seminal e alguns outros parâmetros fisiológicos importantes em ratos.

O presente estudo explica as causas da redução das anormalidades do esperma de ratos machos, dependendo dos fotoquímicos dos extractos de plantas em estudo que contêm vitamina C, E, A e B, que podem proteger o esperma e a anormalidade do esperma. A presença de zinco na mistura leva à melhoria da contagem de espermatozóides, motilidade e morfologia, porque está envolvido no metabolismo hormonal, estabilização da síntese de proteínas, (Jia *et al*,. 2011). Contra a peroxidação lipídica, diminuindo assim a percentagem de espermatozóides mortos e mantendo a morfologia normal dos espermatozóides e permanecendo diferentes partes do esperma como um normal. Os extractos de plantas contêm muitos oligoelementos estes minerais são conhecidos por inibir a enzima fosfato diesterase, o que impede a degradação e, consequentemente, aumentando a motilidade dos espermatozóides e hiperatividade do esperma, (Isaac, *et al*,. 2013).

Foi demonstrado que o ginseng tem efeitos activos citoprotectores e desintoxicação contra, em que a administração do extrato de *Panax ginseng reduz* significativamente os danos patológicos e genotóxicos induzidos pela 2,3,7,8-tetraclorodibenzo-p-dioxina nos testículos de ratos, o que está de acordo com (Chocsea *et al*,. 2013).

Tabela (4.19): Efeito dos extractos de ervas de iogurte e da sua combinação nas anomalias da cauda do esperma (%).

Concentration	Plant species					$F_{Concentration\ p\leq 0.05}$ = 8.7
	Zingiber officinale	*Panax ginseng*	*Piper cubeba*	Mixed xtract	Mean	
5 mg / mouse	15.50±0.87	13.80±0.94	14.70±0.46	18.07±0.85	15.51±1.837 a	
10 mg/ mouse	18.83±0.77	8.09 ±0.34	18.10±0.66	12.83±0.72	14.46±5.017 b	
15 mg/ mouse	10.30±0.46	12.48±0.43	13.18±1.03	18.31±0.58	13.56±3.393 c	
Mean	14.87±4.31 b	11.45±2.33 c	15.32±2.53 b	16.40±3.11 a	$F_{Interaction\ p\leq 0.05}$ = 78.67	
$F_{plant\ Species\ p\leq 0.05}$ = 81.81					$L.S.D_{Interaction\ p\leq 0.05}$ = 1.124	
Control Non treated Value=16.91±0.99			Control treated with Cdcl$_2$=21.37±0.15			

Letras minúsculas diferentes (abc) significam diferenças significativas (*P<0,05*) entre extractos de plantas e médias de concentrações

4-9 Efeito do extrato de ervas do iogurte e da sua combinação no nível das hormonas séricas

4-9-1 Testosterona Hormon:

O animal recebeu as diferentes concentrações de extrato de ervas com iogurte de leite de vaca durante 21 dias. A Tabela (4.20) mostra os resultados dos efeitos do iogurte fortificado com ervas na hormona testosterona em ratos machos. A Tabela (4.20) mostra que os resultados da hormona testosterona são significativos ($p<0,05$) entre os extractos de *P. cubeba* e *Z. officinale*, mas não significativos ($p<0,05$) entre o extrato misto de plantas e o *P. ginseng* para aumentar a hormona testosterona, o extrato de *Z. officinale* aumentou significativamente a hormona entre os extractos de plantas, mas o resultado é vice-versa com o extrato de *P. cubeba* para aumentar as hormonas. Todas as plantas durante o estudo aumentaram significativamente ($p<0,05$) a hormona testosterona em ratos machos quando comparadas com o grupo de controlo.

Os dados na tabela (4.20), o nível da hormona testosterona total (ng/ml) aumentou significativamente ($p<0.05$) quando o animal alimentado com extrato de *Z.officinale* (5mg, 10mg e 15mg/animal) foi (0.40 ± 0.012 ng/ml), (0.41 ± 0.020 ng/ml) e ($0,42\pm0,031$ ng/ml) respetivamente, o resultado significativo entre as concentrações (5mg) e (15mg) ($0,40\pm0,012$ ng/ml) aumentou para ($0,42\pm0,031$ ng/ml) ng/ml em comparação com o grupo do cádmio foi ($0,33\pm0,025$ ng/ml). O extrato de *P. cubeba* foi de ($0,37\pm0,024$ ng/ml), ($0,38\pm0,009$ ng/ml) e ($0,39\pm0,021$ng/ml). A testosterona sérica aumentou com o aumento da concentração do extrato de ervas ($0,37\pm0,024$ ng/ml) para ($0,39\pm0,021$ng/ml). Os animais expostos com (5mg, 10mg e 15mg /rato) durante 21 dias ao extrato aquoso de *P. ginseng* mostram resultados significativos ($p<0,05$) entre a concentração ($0,38\pm0,011$ ng/ml, $0,39\pm0,025$ ng/ml) e ($0.42\pm0,016$ng/ml) aumentaram significativamente a hormona testosterona ($0,38\pm0,011$ng/ml) para ($0,42\pm0,016$ng/ml) das hormonas dos ratinhos, enquanto não foi significativo ($p<0,05$) entre a concentração (5mg) e (10mg). Os ratos foram tratados com a combinação da proporção de três extractos de plantas (1:1:1) de (*Z.officinale*, *P. ginseng* e *P. cubeba)* com concentração (5mg, 10mg e 15 mg/rato). O resultado na tabela (4.20) mostra que o aumento da concentração (5 mg/rato) para (15 mg) da hormona testosterona aumentou significativamente quando comparado com o grupo do cloreto de cádmio ($0,33\pm0,025$ ng/ml). No presente estudo, verifica-se uma diminuição significativa do nível de testosterona nos machos tratados com 50mg/kg/rato por dia de cádmio.

Thorton (2010) relata que a hormona testosterona afecta a atividade da proteína de ligação ao androgénio e as células de Sertoli para produzir espermatozóides e, consequentemente, o nível de testosterona, os resultados na tabela (4.20) mostram que o nível de testosterona aumentou significativamente, os resultados do grupo de cloreto de cádmio afectaram significativamente a inibição da vitamina D que actua como um regulador de um número de enzimas envolvidas na regulação da produção de hormonas esteróides e, assim, a produção de ambas as hormonas esteróides adrenais e hormonas sexuais (Carlsen *et al*,. 2002).

Masuda *et al.* (2004) concluíram que uma interação entre o chumbo, o cádmio e os oligoelementos essenciais conduzia a uma diminuição das hormonas sexuais nos ratos, o que causava uma redução da contagem de espermatozóides em resultado da deficiência de testosterona, conduzindo a uma espermatogénese deficiente. Por outro lado, o cádmio induz uma alteração histológica no tecido intersticial e a degeneração da maioria dos túbulos seminíferos, o que provoca uma diminuição da secreção de testosterona (Swiergosz *et al.*, 1998).

No presente estudo, o nível da hormona testosterona aumentou significativamente com o extrato de *Z. officinale*. A hormona testosterona aumentou com o extrato de *P. ginseng* após alimentação durante (21) dias, o que está de acordo com (Wiwanitkit 2005).

A tabela (4-20): Efeito do extrato de ervas com iogurte e a sua combinação na hormona testosterona (ng/ml).

Concentration	Plant species					
	Zingiber officinale	*Panax ginseng*	*Piper cubeba*	Mixed extract	Mean	$F_{Concentration\ p \le 0.05}$ = 1.08
5 mg / mouse	0.40±0.012	0.38±0.011	0.37±0.024	0.39±0.015	0.38±0.011 b	
10 mg / mouse	0.41±0.020	0.39±0.015	0.38±0.009	0.40±0.026	0.39±0.014 b	
15 mg / mouse	0.42±0.031	0.42±0.016	0.39±0.021	0.41±0.110	0.40±0.012 a	
Mean	0.40±0.008 a	0.397±0.020 a	0.38±0.011 b	0.39±0.013 a	$F_{Interaction\ p \le 0.05}$ = 1.08	
$F_{plant\ Species\ p \le 0.05}$ = 13.26						
Control Non treated Value=**0.43±0.006**			Control treated with Cdcl$_2$=**0.33±0.025**		$L.S.D_{Interaction\ p \le 0.05}$ = 0.015	

Letras minúsculas diferentes (abc) significam diferenças significativas (*P<0,05*) entre extractos de plantas e médias de concentração

4.9.2 Hormona LH:

Os ratos machos após a alimentação de iogurte fortificado com extractos de plantas durante 21 dias, o resultado apresentado na tabela (4.21) mostra que o nível de LH sérico (mlu/ml) diminuiu significativamente (p<0,05) com o grupo do cádmio após a injeção de 50mg / kg. O nível de LH sérico aumentou significativamente (p<0,05) com o extrato de *Z. officinale* em comparação com o extrato de *P. cubeba*. Enquanto o extrato de *Z. officinale* não foi significativo com o extrato de *P. ginseng* após 21 dias de alimentação para aumentar a hormona LH, a planta mista não foi significativa entre *P. cubeba*.

Após a utilização de (5mg, 10mg e 15mg/animal) de *Z. officinale, os resultados foram* (0,29±0,005, 0,30±0,016e 0,30±0,012(mlu/ml), respetivamente, sendo os resultados significativos entre as concentrações (5mg) e (15 mg) (0,29±0,005 mlu/ml) e (0,30±0,012 mlu/ml), em comparação com os grupos. Os resultados não foram significativos (p<0,05) entre (10mg) e (15 mg) de extrato de *Z. officinale*, enquanto que não foram significativos (p<0,05) entre a concentração (5mg/animal) de *P. ginseng* e o extrato misto de plantas *O* extrato de *P. ginseng* aumentou o nível de LH no soro (0,29±0,005 mlu/ml) para (0,31±0,013) após a alimentação com 21 dias de extrato, mas não foi significativo com (5mg/rato) e (10mg/rato) com extrato de *P. ginseng*. O nível de LH aumentou em comparação com o extrato de *P. cubeba*.

Os ratos tratados com extrato aquoso de *P. cubeba* apresentados na tabela (4.21) mostram que as hormonas LH aumentaram significativamente com o grupo de extrato de *P. cubeba* foram (0,28±0,019 mlu/ml), (0,29±0,014 mlu/ml) e (0,30±0,009mlu/ml) respetivamente, a concentração de (5mg) não foi significativa para aumentar as hormonas LH quando comparada com o cádmio foi (0,28±0.015 mlu/ml), também não significativo entre *Z. officinale* na concentração (15mg/rato) foi (0,30±0,012 mlu/ml), não significativo (p<0,05) entre a concentração (5mg) e (10 mg) de extrato misto de plantas foi (0,29±0,019 mlu/ml) e (0,29±0,014) aumentando a hormona, o aumento da concentração de extractos não aumenta o nível de LH no sangue de ratos machos. Enquanto a concentração (15mg) (0,31±0,009 mlu/ml) foi significativa com (5mg/rato) com extractos mistos de plantas.

No presente estudo, os níveis da hormona LH nos grupos de combinação de extractos de plantas com que os ratos foram tratados são significativamente mais elevados do que os níveis nos extractos de *Z. officinale* e *P. cubeba*. O extrato das plantas foi significativo (p<0,05) entre as concentrações (5mg/rato), (10mg/rato) e (15mg/rato). É evidente que *a Z. officinale* tem actividades androgénicas porque é uma grande fonte de vitamina E e C, o que explica os efeitos activos da *Z. officinale* nos nossos resultados, o que está de acordo com (Ahmed *et al,*. 2000).

A combinação de extractos de plantas tem uma atividade que se reflecte no aumento das hormonas LH séricas e A combinação de vitaminas C e E também resultou na redução dos danos relacionados com o stress oxidativo na espermatogénese em ratos expostos a Cd, o que está de acordo com o estudo (Mosher, 2001). A administração a ratinhos de um efeito significativo (p<0,05) na concentração de LH no soro entre os grupos (5mg) e (15mg) com diferentes extractos de plantas, estas descobertas com extractos de *Z. officinale* têm uma potente atividade androgénica que foi relatada por (Amr e Hamza, 2006). Os minerais como o ferro, presentes em níveis limiares, podem atuar como anti-oxidantes e os antioxidantes são a causa do aumento das hormonas e do reforço do sistema imunitário. Considerando que o zinco é um antioxidante conhecido por prevenir a cardiomiopatia, a degeneração muscular, o atraso no crescimento e as perturbações hemorrágicas, por conseguinte, a presença destes minerais na raiz de gengibre fornece bases para a sua utilização em aplicações alimentares, o resultado está de acordo com Belitz (2009). O nível da hormona LH aumentou significativamente com os diferentes grupos de extractos de plantas com iogurte, a hormona LH regula a função das células de Sertoli, incluindo o aumento da produção da proteína de ligação aos androgénios, e esta última funciona na manutenção de uma concentração elevada de testosterona nos testículos, que é necessária para a espermatogénese normal e a maturação dos espermatozóides, a FSH é também um fator importante na iniciação e continuação da espermatogénese, o resultado está de acordo com (Jorsaraei *et al,.* 2008). O presente na mistura de extractos de plantas leva a um aumento direto nos níveis de LH e de dehidro epiandrosteron (DHEA) que leva ao aumento do nível de testosterona, e assim a estimulação da espermatogénese com um aumento na concentração de espermatozóides (Maddocks, *et al.*, 1993).

Tabela (4-21): Efeito do Extrato de Ervas com Iogurte e a sua Combinação nas Hormonas LH (mIU/ml).

Concentration	Plant species					
	Zingiber officinale	*Panax ginseng*	*Piper cubeba*	**Mixed extract**	**Mean**	$F_{Concentration\ p \leq 0.05}$ = 0.39
5 mg / mouse	0.29±0.005	0.29±0.005	0.28±0.019	0.29±0.019	0.28±0.009 N.S	
10 mg / mouse	0.30±0.016	0.29±0.025	0.29±0.010	0.29±0.014	0.29±0.01 1 N.S	
15 mg / mouse	0.30±0.012	0.31±0.013	0.30±0.023	0.31±0.009	0.30±0.007 N.S	
Mean	0.29±0.010 a	0.29±0.013 a	0.28±0.308 b	0.29±0.010 a	$F_{Interaction\ p \leq 0.05}$ = 0.39	
$F_{plant\ Species\ p \leq 0.05}$ = 1.14						
Control Non treated Value=0.33±0.030			**Control treated with Cdcl2=0.28±0.015**		$L.S.D_{Interaction\ p \leq 0.05}$ = 0.015	

Letras minúsculas diferentes (abc) significam diferenças significativas (*P<0,05*) entre extractos de plantas N.S. Significa N.º Significativo (*P<0,05*) entre médias de concentração

Os ratos machos receberam (5mg), (10mg) e (15mg) de extrato aquoso de *Z. officinale, P. ginseng, P. cubeba* e a sua combinação do rácio de três extractos de plantas (1:1:1) de (*Z.officinale, P. ginseng* e *P.cubeba*) durante 21 dias, o resultado do grupo do cloreto de cádmio foi significativo (*P<0,05)* para diminuir o nível de FSH na serumina em comparação com o grupo de controlo. Depois de tratar os ratos com iogurte de ervas, o resultado foi significativo (*P<0,05) entre P. cubeba* e extrato misto para aumentar a hormona FSH. Mas o resultado não foi significativo (*P* <*0,05*) *entre o extrato de Z. officinalee* e o extrato misto. Após a alimentação com *Z. officinale,* o nível da hormona FSH aumentou significativamente em comparação com o grupo do cádmio.

Os resultados na tabela (4.22) mostram que os ratos que receberam extrato de *Z. officinale* o nível de FSH foi (0,26±0,018mIU/ml), (0,27±0,010 mIU/ml) e (0,27±0,011mIU/ml respetivamente). O resultado não foi significativo (*P* <*0,05*) entre (10mg) e (15mg) para aumentar o nível da hormona FSH. Enquanto a concentração (5mg) do extrato de *Z. officinale* foi significativa (*P*<*0,05*) em comparação com o grupo do cádmio (0,23±0,021mIU/ml). Enquanto o extrato de *Z. officinale* não foi significativo (*P*<*0,05*) com a concentração (5mg) de extrato misto de ervas foi (0,26±0,022) para melhorar o nível sérico de FSH no soro de ratinhos machos. Os ratos foram tratados com extrato aquoso de *P. ginseng, como se* mostra na tabela (4.22), o nível de hormonas FSH aumentou significativamente (*p*<*0,05*) com o aumento da concentração do extrato da planta (5 mg) e (15 mg) de (0,23±0,013mIU/ml) para (0,26±0,006mIU/ml). Mas a concentração (5mg) de *P. ginseng* não significativa (*p*<*0,05*) em comparação com o grupo do cádmio foi (0,23±0,021mIU/ml). A tabela (4.22) mostra que as concentrações de (5mg), (10mg) e 1(5mg) de extrato aquoso de *P. cubeba não* foram significativas (p<*0,05*) *entre as concentrações de (5mg) e* (10mg), que foram de (0,24±0,023mIU/ml) e (0,24±0,015) para aumentar a hormona FSH em ratinhos. Enquanto a concentração (15 mg) do extrato de *P. cubeba foi* significativa (p<*0,05*) *para* aumentar a hormona FSH em comparação com (5 mg) de *Z. officinale* e do extrato misto de plantas.

Os ratos receberam uma mistura de plantas dos três extractos na proporção (1:1:1) de (*Zingiber officinale, Panax ginseng* e *Piper cubeba*) com concentrações (5mg), (10mg) e (15 mg). foram (0,26±0,022 mIU/ml), (0,28±0,012mIU/ml) e (0,25±0,015mIU/ml). O resultado não foi significativo (p<0,05) para o aumento do nível de hormonas FSH entre (10mg) e (15mg), enquanto foi significativo (p<0,05) entre (5mg) e (10mg). O resultado na tabela (4.22) mostra que o resultado significativo entre o extrato de plantas com iogurte para aumentar a hormona folículo-estimulante em ratos depois de tratados durante 21 dias, o extrato de plantas com experiências in vitro e em animais com *Z.officinale* e *P. ginseng* mostrou que estas plantas possuem uma ação antioxidante e podem ter um efeito protetor contra os danos dos radicais livres e aumentar as hormonas, o resultado concorda com (Masuda *et al.*, 2004; Ahmed 2005). O conteúdo químico dos extractos de plantas não é uniforme e varia significativamente entre as variedades de plantas, em alguns casos, certas preparações comerciais feitas a partir de gengibre são usadas para fins medicinais, uma vez que os componentes essenciais da planta foram extraídos antes da embalagem (Zancan *et al,.* 2000: Merii. 2010).

No estudo das hormonas FSH, o extrato de *P. ginseng aumentou* significativamente as hormonas

FSH, os resultados deste estudo estão de acordo com (Jang *et al.,* 2008). Em estudos com animais, foi demonstrado que o tratamento com o extrato de ginseng vermelho coreano, um ginsenósido chave encontrado no ginseng americano, aumenta a secreção de FSH, actuando diretamente na glândula pituitária anterior dos ratos (Momeni, *et al.,* 2009). O primeiro extrato de *p. cubeba* relatado por (Manusirivithaya *et al.*, 2004)*,* o extrato de *P.cubeba* inibe o crescimento especialmente de tais células tumorais que necessitam das suas hormonas de crescimento como factores de crescimento. Os resultados da tabela (4.22) mostram que o nível de FSH e LH aumentou significativamente, enquanto a FSH aumentou com diferentes concentrações de extrato de plantas que alimentaram o animal durante 21 dias. (1998) mostraram uma diminuição significativa da FSH e da LH com cloreto de cádmio antes dos grupos tratados com extrato aquoso de plantas, em comparação com o grupo de controlo. Os níveis de testosterona, FSH e LH nos animais foram alterados nos animais expostos ao cádmio, o que é semelhante ao estudo de (Leat *et al.*, 1983).

Os resultados da tabela (4.22) mostram que os extractos aquosos de pimenta, no entanto, foram observadas alterações significativas no número de níveis de FSH e LH nos ratos tratados quando comparados com o controlo a pimenta preta (Piperaceae) tem sido tradicionalmente utilizada como especiaria e medicamento, compostos quimiopreventivos como o bcaroteno, a piperina, o ácido tânico e a capsaicina. A atividade antimutagénica da pimenta preta pode estar relacionada com o grande número destes potentes compostos quimiopreventivos e, em especial, com a piperina, que demonstrou ser um composto antimutagénico promissor. A piperina demonstra não só ser quimiopreventiva, como contém pequenas quantidades de que concorda com (Selvendiran, K.,2003).

Tabela (4-22): Efeito do extrato de ervas com iogurte e a sua combinação na hormona FSH (mIU/ml).

Concentration	Plant species				Mean	$F_{Concentration\ p \leq 0.05} = 2.05$
	Zingiber officinale	*Panax ginseng*	*Pipercubeba*	Mixed extracts		
5 mg / mouse	0.26±0.018	0.23±0.013	0.24±0.023	0.26±0.022	0.246±0.016 N.S	
10 mg /mouse	0.27±0.010	0.25±0.021	0.24±0.015	0.28±0.012	0.257±0.019 N.S	
15 mg / mouse	0.27±0.011	0.26±0.006	0.26±0.020	0.25±0.015	0.260±0.009 N.S	
Mean	0.267±0.007 a	0.245±0.014 b	0.243±0.014 b	0.263±0.012 a	$F_{Interaction\ p \leq 0.05} = 2.05$	
$F_{plant\ Species\ p \leq 0.05} = 7.66$						
Control Non treated Value=0.28±0.015 mIU/ml			Control treated with Cdcl$_2$=0.23±0.021 mIU/ml			$L.S.D_{Interaction\ p \leq 0.05} = 0.021$

Letras minúsculas diferentes (abc) significam diferenças significativas (*P<0,05*) entre extractos de plantas N.S. Significa Nº Significativo (*P<0,05*) entre médias de concentrações

4.10. Efeito dos Extractos de Ervas, Iogurte e a sua Combinação nos Parâmetros do Sémen

4.10.1 Conta de esperma ($X10^6$ /ml) de ratos machos

De acordo com os resultados apresentados na tabela (4.23), o número de espermatozóides diminuiu significativamente ($p<0.05$) após a exposição do grupo ao cloreto de cádmio. A contagem total de espermatozóides expressa um milhão por ml ($X10^6$ /ml). O animal após ter recebido o iogurte de ervas com *Z.officinale*, *P. ginseng*, *P.cubeba* e extrato misto de água com concentração (5mg/rato), (10mg/rato) e (15 mg/rato). O total de espermatozóides diminuiu significativamente ($p<0,05$) com o grupo do cádmio após exposição de 50 mg/kg/rato durante 21 dias. O extrato de *P. ginseng* aumentou de forma mais significativa a contagem total de espermatozóides quando comparado com outros extractos de plantas. Enquanto o extrato de *P. cubeba teve* menos efeito na contagem de espermatozóides em comparação com o extrato de *Z.officinale*. O animal tratado com o extrato misto é inferior ao extrato de *P. ginseng*, pelo que o extrato de *P.cubeba é* parcialmente constituído por este último. Ao mesmo tempo, o extrato de *Z.officinale é* mais afetado pelo aumento do número total de espermatozóides do que o extrato de *P.cubeba*.

As concentrações de ervas no iogurte foram significativas ($p<0,05$) para aumentar o número de espermatozóides de ratos machos após a administração durante 21 dias. O animal foi tratado com (5mg, 10mg e 15mg/rato). De acordo com a tabela (4.23), o aumento da concentração com todos os extractos de plantas provocou um aumento do número total de espermatozóides. O extrato aquoso de *P. ginseng* foi significativo ($p<0,05$) e aumentou a contagem total de espermatozóides ($39,91\pm0,361$ x 10^6), ($59,26 \pm1,544$ x 10^6) e ($64,97\pm1,015$ x 10^6) espermatozóides, na concentração (15 mg), significativamente afetada pela contagem de espermatozóides em comparação com o extrato de *P. cubeba* e *Z. officinale* na mesma concentração após a alimentação por 21 dias. O resultado do extrato de *P. cubeba* com iogurte de leite de vaca foi ($24,11\pm1,714$ x 10^6), ($24,18\pm130$ x 10^6) e ($26,77\pm120$ x 10^6) significativamente afetado na conta de esperma quando comparado com o grupo de cádmio foi ($17,25\pm2,021$x 10^6), na tabela (4.23) mostra que o resultado do extrato de *P. cubeba* após o tratamento em (5mg, 10mg e 15mg / rato) por 21 dias.

Os ratos machos receberam uma mistura de extractos de plantas (*Z.officinale*, *P. ginseng* e *P.cubeba)* (1:1:1), o que aumentou significativamente o número de espermatozóides, o resultado que aparece na tabela (4.23), a concentração (5mg), (10mg) e (15mg) de extrato de plantas foi ($35.17\pm1,874$ x 10^6), ($41,81\pm1,793$ x 10^6) e ($53,8\pm2,65$ x10 $_6$)espermatozóides, o extrato misto de plantas aumentou significativamente ($p<0,05$)o número de espermatozóides quando comparado com o extrato de *P. ginseng*, a combinação parcial de extrato de plantas consiste em extrato de *P.cubeba*.

A concentração (15mg/rato) do extrato de *Z. officinale* foi $(43,43\pm2,47\times10^6)$ superior à do extrato de *P. cubeba* com (15mg/rato). No mesmo caso, *o extrato de Z. officinale foi* inferior ao extrato de *P. ginseng* e ao extrato misto após 21 dias de administração de iogurte de ervas. Os resultados do presente estudo mostram que a contagem de espermatozóides diminuiu significativamente no sistema reprodutor masculino induzido por cloreto de cádmio, concordando com estudos repetidos anteriormente por outros estudos (Khaki *et al.*, 2010; Akondi *et al.*, 2011). Os resultados de *Z. officinale* têm um efeito benéfico nas funções reprodutoras masculinas em ratos machos e aumentam o número de espermatozóides. O aumento de dados nas funções de esperma com ratos administrados com extrato de *Z. officinale* pode ser atribuído a actividades espermatogénicas favoráveis e aumentadas como resultados de níveis elevados de testosterona. (Kamtchouing *et al.*, 2012). No resultado, a concentração diferente de *Z. officinale* foi melhora e aumenta a capacidade de fertilização do sémen. Estas qualidades foram frequentemente usadas como uma medida da produção de esperma, função e/ou fertilidade masculina, estes resultados estão de acordo com estudos anteriores de (Raji *et al.*, 2003). Na tabela (4.23) a maior conta total de esperma foi *P. ginseng* em diferentes concentrações e significativa entre a extração de plantas, a evidência inicial de que *P. ginseng* g tem efeitos positivos na espermatogénese foi publicada pela primeira vez em 1977. Aqui foi demonstrado que o efeito estimulante dos extractos de *P.ginseng* na síntese de ADN e proteínas nos testículos de ratos machos (Yamamoto *et al.*, 1987). *O P. ginseng* também ajuda a preservar os espermatozóides ejaculados. Foi demonstrado que a contagem de espermatozóides de espermatozóides ejaculados que foram incubados com extrato de ginseng foi significativamente maior, o tratamento com ginsenoside Rg1 (50 μg / ml) aumenta significativamente a conta de esperma que está de acordo com (Park *et al,.* 2006).

Os resultados do presente estudo mostram que a contagem de espermatozóides aumenta significativamente com o extrato misto de plantas, mas menos do que o *P. ginseng*, devido à combinação de extrato de plantas que consiste em extrato de *P. cubeba* que a atividade antioxidante e anti-radicalar do extrato de plantas devido ao conteúdo fenólico, o poder do extrato fenólico de plantas foi positivo relacionado com o conteúdo fenólico e a capacidade de eliminação de radicais de extractos mistos de plantas que concordam com (Dodsoon *et al.*, 2012). Vários pontos finais reprodutivos, como peso dos órgãos, histopatologia, parâmetros de esperma e conteúdo de frutose, e índices de fertilidade foram estimados em ratos. Os ratos tratados com uma dose de 100 mg durante 90 dias, com extração vegetal mista, observada em todos os túbulos. Os túbulos seminíferos afectados apresentam perda de epitélio germinativo, ocorrência de células gigantes e mistura de espermátides de diferentes fases da espermatogénese; em casos graves, concordam com (Bassey, *et al.,* 2011).

A tabela (4-23): Efeito do extrato de ervas com iogurte e a sua combinação no número de espermatozóides (10^6 / mil).

Concentration	Plant species				Mean	$F_{Concentration\ p \leq 0.05}$ = 26.64
	Zingiber officinale	*Panax ginseng*	*Piper cubeba*	*Mixed extract*		
5 mg/ mouse	29.90±1.457	39.91±1.711	24.11±1.160	35.17±1.874	32.272±1.012 c	
10 mg/ mouse	37.05±1.66	59.26±2.130	24.41±1.022	41.24±1.793	40.489±1.934 b	
15 mg/mouse	43.43±2.475	64.97±2.294	26.16±0.743	53.75±3.653	47.076±1.260 a	
Mean	36.795±1.421 c	54.710±1.091 a	24.895±0.896 d	43.384±1.102 b	$F_{Interaction\ p \leq 0.05}$ = 26.64	
$F_{plant\ Species\ p \leq 0.05}$ = 417.49						
Control Non treated Value=23.012±1.408 X 10^6			Control treated with Cdcl2=17.25±2.021 X10^6		$L.S.D_{Interaction\ p \leq 0.05}$ = 3.354	

Letras minúsculas diferentes (abc) significam diferenças significativas ($P<0,05$) entre extractos de plantas e médias de concentrações

4.10.2 Atividade espermática

Os resultados da tabela (4.24) mostram que a percentagem de atividade espermática diminuiu significativamente (p<0,05) com o grupo do cádmio quando comparado com o grupo de controlo. Depois de alimentar os ratos machos com *Z.officinale, P. ginseng, P.cubeba e o* seu extrato aquoso misto com diferentes concentrações (5mg/rato), (10mg/rato) e (15mg/rato). Os resultados na tabela (4.24) mostram que a percentagem de atividade espermática aumentou significativamente (p<0,05) com o extrato de *P. ginseng* quando comparado com o extrato de *P.cubeba*. Enquanto o extrato de *Z.officinale* não foi significativo (p<0,05) quando comparado com o extrato de *P.cubeba* após exposição durante 21 dias, mas *o extrato de Z.officinale* afectou significativamente a percentagem de atividade espermática e aumentou. Depois de exposto, o extrato de *P.cubeba* aumentou a atividade dos espermatozóides quando comparado com o grupo do cádmio. Aumentou amplamente a percentagem de atividade com o extrato de *P. ginseng*, enquanto a combinação de borras de extrato de plantas afectou a percentagem de atividade espermática após 21 dias de utilização do extrato de plantas.

O resultado na tabela (4.24) mostra que a percentagem de atividade espermática significativa (p<0.05) aumentou com o aumento da concentração com *Z.officinale* foi (42.66 ± 2.838%) para (48.39±3.388%) em (15mg/rato) após 21 dias. Enquanto a concentração que não aumentou significativamente (p<0,05) entre (5mg/rato) e (15mg/rato) com extrato de *P.cubeba* foi

(47,41±1,959%) e (48,61±2,600%). Os ratos machos receberam (5mg/rato), (10mg/rato) e (15mg/rato) de extrato de *P. ginseng* com iogurte durante 21 dias e os resultados foram (61,25±1,553%), (64,50±2,537%) e (66,40±2,237%), o que aumentou significativamente (p<0,05) a percentagem de atividade espermática quando comparado com o extrato de *Z.officinale* e o extrato de *P.cubeba*.

O animal recebeu uma mistura de extrato de plantas (*Zofficinale, P. ginseng* e *P.cubeba*) (1:1:1) foi significativo (p<0,05), para aumentar a porcentagem de atividade espermática, que resultou na Figura (4.21) foi (5mg), (10mg) e (15mg) de extrato de plantas foram (35,89±2,295%, 38,13±3,159% e 39.82±1,467%), o extrato misto de plantas aumentou significativamente (p<0,05) a atividade dos espermatozóides quando comparado com o grupo do cádmio (30,18±3,183%), o extrato misto de plantas teve um efeito menor na atividade dos espermatozóides quando comparado com outro extrato de plantas devido à composição dos diferentes extractos de plantas.

Depois de alimentar os ratos com extrato de *P.cubeba* durante 21 dias, os resultados na tabela (4.24) foram (47,41±1,959 %), (46,38±3,060 %) e (48,61±2,600 %), o que aumentou significativamente (p<0,05) a atividade dos espermatozóides em comparação com o grupo de extrato misto. A concentração de (15mg/rato) foi superior à concentração (5mg/rato) e (10 mg/rato) do extrato de *Z. officinale* (42,66 ± 2,838%) e (44,32 ± 1,478%), enquanto o extrato de *P. cubeba foi inferior ao extrato de P. ginseng*, o que não foi significativo em comparação com o extrato de *P. ginseng*. A concentração de (5mg), (10mg) e (15mg) por ratinho aumentou significativamente (p<0,05) a atividade de todos os extractos de plantas com iogurte durante 21 dias. O resultado mostra que o extrato de ervas com iogurte aumentou significativamente a atividade dos espermatozóides com *P. ginseng* em todas as concentrações durante o estudo; o ginseng também mostrou um aumento significativo na motilidade progressiva dos espermatozóides, também O extrato de *P. ginseng* mostrou aumentar a motilidade direcional dos espermatozóides humanos, após tratar os pacientes com os acordos de extrato de ginseng com (Akram *et al,.* 2012).

O resultado na tabela (4.24) mostra que a atividade do esperma com ratos administrados com *Z. Officinale* pode ser atribuída à atividade espermatogénica favorável e aumentada devido à hormona testosterona elevada, o resultado concorda com (Sikka, *et al.,* 1995). Adeeko *et al,* (2009) disse que a melhoria nas actividades do epidídimo poderia ter levado a um aumento na motilidade progressiva do esperma nos ratos experimentais.

Tabela (4-24): Efeito do Extrato de Ervas com Iogurte e a sua Combinação na Atividade **do Esperma** (%).

Concentration	Plant species					$F_{Concentration\ p\le 0.05} = 0.26$
	Zingiber officinale	*Panax ginseng*	*Piper cubeba*	**Mixed extract**	**Mean**	
5 mg / mouse	42.66±2.838	61.25±1.553	47.41±1.959	35.89±2.295	29.16±1.03 N.S	
10 mg / mouse	44.32±1.478	64.50±2.037	46.39±3.060	38.13±3.159	29.77±1.87 N.S	
15 mg / mouse	48.39±3.388	66.40±2.237	48.61±2.600	39.82±1.467	29.94±1.324 N.S	
Mean	45.12±1.56 b	64.05±2.670 a	47.46±1.921 b	37.94±1.337 c	$F_{Interaction\ p\le 0.05} = 0.26$	
$F_{plant\ Species\ p\le 0.05} = 67.35$						
Control Non treated Value=56.92±1.073			**Control treated with** Cdcl2=30.18±1.183		$L.S.D_{Interaction\ p\le 0.05} = 7.392$	

Letras minúsculas diferentes (abc) significam diferenças significativas (*P<0,05*) entre extractos de plantas N.S. significa N° Significativo (*P<0,05*) entre médias de concentrações

4.10.3 Lentidão dos espermatozóides

A percentagem de espermatozóides lentos é apresentada na tabela (4.25). A lentidão dos espermatozóides aumentou significativamente (p<0,05) com o grupo do cádmio quando comparado com o grupo de controlo. O iogurte de ervas após 21 dias de alimentação com diferentes concentrações (5mg/rato), (10mg/rato) e (15mg/rato). A percentagem de espermatozóides lentos diminuiu significativamente (p<0,05) com o extrato de *Z. officinale* em comparação com o extrato de plantas mistas, mas não significativamente (p<0,05) com o extrato de *P. cubeba* para diminuir a lentidão dos espermatozóides. O extrato de *P. ginseng reduziu* significativamente (p<0,05) a lentidão dos espermatozóides com diferentes concentrações quando comparado com o extrato de outra planta, *P.cubeba* e extrato misto de água com concentrações (5mg), (10mg) e (15 mg). A percentagem de espermatozóides lentos diminuiu significativamente (p<0,05) com o extrato misto de água em comparação com o extrato de *Z. officinale.* Também a *P.cubeba* reduziu a lentidão dos espermatozóides mais do que o extrato misto de plantas na mesma duração. O animal macho tratado com o extrato de *Z. officinale* afectou a redução da lentidão do esperma após 21 dias de alimentação.

O animal com extrato de *Z.oOfficinale foi* (27,86±2,300 %), (29,76±1,647 %) e (29,27±1,740) respetivamente, reduzindo significativamente (p<0,05) a lentidão dos espermatozóides quando comparado com o grupo do cádmio foi (41,12±0,235 %) após 21 dias.

O extrato de *P. cubeba foi de* (24,93±1,429 %), (36,24±0,835 %) e (31,02±1,071%). A percentagem de espermatozóides lentos diminuiu na concentração (5mg/rato) e (10mg/rato) quando comparada com o extrato misto: (39,04±2,259 %) e (37,24±3,762 %). Após 21 dias de alimentação com o extrato de *P.ginseng,* (21,82±0,394 %) diminuiu para (15,61±0,510 %). Com a concentração (5mg) e (10mg), enquanto a concentração (15mg/rato) reduziu significativamente (p<0,05) a lentidão dos espermatozóides quando comparada com o grupo do cádmio foi (41,12±0,235 %). concentração (10mg/rato) mais reduzida quando comparada com outro extrato de planta. A concentração (5mg/rato) da mistura foi menos afetada pela lentidão (39,04±2,259 %) em comparação com a outra planta.

Os ratos que receberam (5 mg/rato), (10mg/rato) e (15mg/rato) de extrato misto de plantas foram (39,04±2,259 %), (37,24±3,762 %) e (35,92±1,552 %) não significativos em comparação com *P.ginseng* e *Z. Officinale*. O aumento das concentrações não teve efeito para reduzir a lentidão dos espermatozóides com *Z. Officinale*. O extrato misto de plantas diminuiu a lentidão dos espermatozóides com a concentração (15mg/rato) após 21 dias de injeção oral em ratos machos. No presente estudo, a tabela (4.25) mostra que o resultado do extrato de *P.ginseng* teve mais efeito sobre a lentidão do esperma do que outros extractos de plantas diferentes, o que está de acordo com (Wiwanitkit 2005).

O extrato de ginseng é eficaz na motilidade e reduz a lentidão e aumenta a morfologia dos espermatozóides. É também um fator importante nas fases finais da maturação dos espermatozóides epididimários, (Zalatae *et al.,* 2013). Os glicosídeos presentes e o composto fenólico, todos estes factores levam à melhoria da concentração e motilidade dos espermatozóides e, em alguns casos, ao aumento do volume da ejaculação, os glicosídeos presentes actuam da mesma forma porque têm um efeito anti-inflamatório e isto pode explicar o aumento significativo do resultado do desempenho reprodutivo neste estudo, que se deve ao aumento do número de espermatozóides, da motilidade e da melhoria da morfologia e da função de ereção, (Sekiwa *et al,.* 2000). A diminuição significativa na anormalidade da morfologia do esperma, os resultados do presente estudo que *Z. Officinale* tem um efeito benéfico sobre as funções reprodutivas masculinas em ratos, estes dados são confirmados pela nossa observação sobre o aumento da contagem de esperma, motilidade, e diminuição da percentagem de esperma lento, (Isidori *et al,.* 2006**).**

Na tabela (4.25) mostra que o extrato de Z. *officinale reduz* significativamente a lentidão dos espermatozóides, portanto, melhorar a atividade dos espermatozóides pode ter sido devido a um aumento na motilidade progressiva dos espermatozóides nos ratos experimentais. O aumento da contagem de espermatozóides e da motilidade mostra, assim, que o tratamento com *Z. officinale* melhora e aumenta a capacidade de fertilização do sémen, o resultado está de acordo com (Raji *et al.,* 2003: Adeeko *et al,.*2009).

Tabela (4-25): Efeito do extrato de ervas com iogurte e a sua combinação na lentidão do esperma (%).

Concentration	Plant species					$F_{Concentration\ p \le 0.05} = 0.28$
	Zingiber officinale	*Panax ginseng*	*Piper cubeba*	**Mixed extract**	**Mean**	
5 mg / mouse	27.86±2.300	21.82±0.394	27.93±1.429	39.04±2.259	29.160±1.092 N.S	
10 mg / mouse	29.76±1.647	15.61±0.510	36.51±0.835	37.24±3.762	29.779±0.941 N.S	
15 mg / mouse	29.27±1.740	23.58±0.932	31.02±1.071	35.92±1.552	29.948±1.329 N.S	
Mean	28.964±1.913 b	20.335±1.312 c	31.818±1.034 b	37.400±1.320 a	$F_{Interaction\ p \le 0.05} = 5.25$	
$F_{plant\ Species\ p \le 0.05} = 61.11$					$L.S.D_{Interaction\ p \le 0.05} = 5.004$	
Control Non treated Value=24.93±0.665 %			Control treated witCdcl2=41.12±0.235			

Letras minúsculas diferentes (abc) significam diferenças significativas (*P<0,05*) entre extractos de plantas N.S. significa N.º Significativo (*P<0,05*) entre médias de concentrações

4.10.4 Esperma morto

Os ratos machos receberam extrato de ervas com iogurte de leite de vaca em três concentrações diferentes, o resultado na tabela (4.26) mostra que a percentagem de espermatozóides mortos aumentou significativamente (p<0,05) com o grupo do cádmio quando comparado com o grupo de controlo. Após o tratamento com iogurte de ervas com o extrato de água de *Z.officinale, P. ginseng, P.cubeba* e a sua combinação. A percentagem de espermatozóides mortos diminuiu significativamente (p<0,05) com o extrato misto de plantas. Enquanto a percentagem de espermatozóides mortos com *P. ginseng* foi menor do que com o extrato de *P.cubeba* e o extrato de *Z.officinale* após 21 dias de tratamento. O extrato de *P.cubeba* afectou significativamente (p<0,05) os espermatozóides mortos em comparação com o grupo do cádmio. A morte de espermatozóides não foi significativa entre o *extrato de Z.officinale* e as plantas mistas durante o estudo. Mas não significativo entre o extrato de *P. ginseng* e *P.cubebae* para reduzir a morte de espermatozóides em diferentes concentrações.

O animal injetado com extrato de planta herbácea em (5mg/camundongo), (10mg/camundongo) e (15mg/camundongo) não foi significativo (p<0,05) para reduzir a morte de espermatozóides. O resultado mostra na tabela (4.26) que o extrato de planta misto foi significativo (p<0.05) para reduzir a morte de espermatozóides: (25.07±1.353%), (24.63±3.0319 %) e (24.26±1.686 %) respetivamente.

A morte de espermatozóides com o extrato de *P. ginseng* diminuiu significativamente (p<0,05) após o tratamento com as concentrações (5mg/rato), (10mg/rato) e (15mg/rato), que foram (16,93±1,579%), (19,17±1,740%) e (11,45±1,077%), respetivamente. O aumento da concentração diminuiu a morte de espermatozóides com *P. ginseng foi de* (19,17±1,740%) para (11,45±1,077%), enquanto o efeito decrescente não significativo (p<0,05) da morte de espermatozóides com extrato misto de plantas foi de (24,63±3,0319 %) e (24,26±1,686 %).

Os espermatozóides mortos diminuíram significativamente (p<0,05) com o extrato de *Z.officinale* (28,98±1,200 %), (25,92±2,785 %) e (22,20±2,58 %), enquanto a concentração (15mg/rato) foi de (22,20 %). O grupo de *Z.officinale diminuiu* significativamente (p<0,05) com o grupo misto para reduzir os espermatozóides mortos. A concentração (15mg/rato) foi a melhor concentração para reduzir os espermatozóides mortos com *P. ginseng* e *Z.officinale*. Enquanto a concentração (10 mg/rato) com o extrato de *P. cubeba* reduziu mais os espermatozóides mortos em comparação com a outra concentração, mas não houve significância entre as concentrações entre o extrato misto de plantas depois de injetado durante 21 dias.

Neste estudo, o resultado da adição de extractos aquosos de extrato de *P. ginseng* diminuiu significativamente a percentagem de espermatozóides mortos, a percentagem e a morfologia anormal dos espermatozóides, verificou-se que *Z.officinale* contém Capsaicina, Zingerona, Shagaols, gingerol, fenólicos, curcumina, proteólise, vitamina C e E que concordam com (Sekiwa *et al*,. 2000). A presente descoberta é semelhante ao resultado de Husame *et al.* (2011) em ratos, adicionando 100 mg/kg de peso corporal/dia de ginsenosídeo causa um aumento na percentagem de esperma vivo e movimento maciço de esperma. Também aumenta a concentração de testosterona. Estes resultados são consistentes com estudos anteriores, cada um de (Rajeev *et al*,. 2006 e Park *et al. 2006),*

O resultado na tabela (4.26) mostra que diminui a percentagem de espermatozóides mortos com *P. ginseng* administrado por via oral no sexo masculino menos do que o extrato de *P. cubeba*, Foi demonstrado que a ingestão de ginseng americano (500 mg/kg/dia) pode proteger os espermatozóides, em particular, aumentando a contagem de espermatozóides, reduzindo a morte de espermatozóides e anomalias, e retomando a motilidade dos espermatozóides que é acordado com, (Akram *et al*,. 2012).

Num estudo clínico que envolveu 66%, a administração de extrato aquoso de ginseng asiático demonstrou aumentar significativamente os níveis plasmáticos de testosterona total e livre, hormona folículo-estimulante e LH, efeito na morfologia dos espermatozóides e percentagem de mortos, resultado que está de acordo com (Glazener *et al*,. 1987)

O extrato misto de plantas também contém muitos oligoelementos, a presença de zinco na mistura leva à melhoria da contagem de espermatozóides, motilidade e morfologia, porque está envolvido no metabolismo hormonal que concordou (Jia, *et al*,. 2011).

Tabela (4-26): Efeito do Extrato de Ervas com Iogurte e a sua Combinação no Esperma Morto (%).

Concentration	Plant species				Mean	$F_{Concentration\ p\leq 0.05}$
	Zingiber officinale	*Panax ginseng*	*Piper cubeba*	*Mixed extract*		
5 mg / mouse	28.98±1.200	16.93±1.579	24.67±1.76	25.07±1.353	23.911±1.322 N.S	1.11 =
10 mg / mouse	25.92±2.785	19.17±1.740	17.10±0.605	24.63±3.019	21.704±1.503 N.S	
15 mg / mouse	22.20±2.58	11.45±1.077	20.58±1.800	24.26±1.686	19.623±1.412 N.S	
Mean	25.700±1.980 a	15.850±1.122 b	20.782±1.021 ab	24.652±1.973 a	$F_{Interaction\ p\leq 0.05} = 0.377$	
$F_{plant\ Species\ p\leq 0.05} = 8.51$					$L.S.D_{Interaction\ p\leq 0.05} = 8.411$	
Control Non treated Value=18.69±2.157 %		Control treated witCdcl2=32.80±0.386 %				

Letras minúsculas diferentes (abc) significam diferenças significativas (*P<0,05*) entre extractos de plantas (N.S.) significam Nº Significativo (*P>0,05*) entre médias de concentrações

4.11. Estudos histológicos

O exame dos tecidos testiculares de controlo mostra que o testículo contém um grande número de túbulos seminíferos, espermatogónias, espermatócitos primários próximos da membrana basal, espermatócitos secundários grandes próximos do centro do lúmen e espermátides e espermatozóides mais pequenos no meio do túbulo seminífero. As células de Leydig encontram-se entre os túbulos seminíferos em várias massas arredondadas por um número de pequenos vasos sanguíneos. Existe um grande número de espermatozóides maduros no meio do túbulo seminífero, onde as células de Sertoli aderem aos espermatozóides para a espermatogénese. (Figura 4. 1).

Secção testicular de ratos expostos a 50 mg/kg de cloreto de cádmio durante três semanas, o resultado mostra que a maioria dos túbulos seminíferos está danificada, onde a membrana basal se torna espessa e há um conglomerado de células leydig entre os túbulos seminíferos e picnose ou cariólise da maioria das células (degeneração das células), onde estas células adquirem um aspeto escuro nos túbulos seminíferos em várias fases e células de sertoli óbvias. Os túbulos seminíferos caracterizam-se pela ausência de espermatozóides anormais acumulados nos túbulos médios (Figura 4.2).

O resultado de 5 mg de extrato de *P. ginseng* mostra na Figura (4. 3), o túbulo seminífero caracterizado pela espessura da membrana basal, densidade de espermatogónio e células de sertoli, e nota a densidade de espermatozóides no meio do túbulo, mas a maioria deles estão deformados e danificados, bem como para a célula espermatogénica. A maioria está deformada e danificada, assim como a célula espermatogénica, que se assemelha a uma placa espessa, com células densas e espermatozóides no meio do túbulo.

A secção transversal dos testículos de ratos machos que receberam 10 mg de extrato de *P. ginseng* com iogurte de leite de vaca mostra que na maior parte do túbulo seminífero não é possível distinguir os espermatozóides no meio do túbulo. No qual aparece como um volume contínuo e acidófilo. Parte do esperma indiferenciado e degeneração hidrópica do espermatozoide, membrana basal espessada e degeneração hidrópica da célula leydig na maior parte da região em que cada túbulo seminífero se separou do outro sem células leydig (Figura 4. 4).

Depois de o animal ter recebido 15 mg de extrato de *P. ginseng* com iogurte de leite de vaca durante 21 dias, o resultado mostra que a membrana basal do túbulo seminífero está danificada, e as células leydig misturam-se com a espermatogónia e a morfologia da maioria dos espermatozóides é anormal (Figura 4. 5).

A secção testicular de ratos tratados com 5 mg de extrato de *Z. officinale* mostra que a diferenciação do túbulo seminífero é distinta e caracterizada por uma falta de células geradoras de esperma, havendo também decomposição das células geradoras de esperma. A densidade das células espermáticas e das células de sertoli são distintas, a porção do túbulo seminífero está danificada devido ao arrebatamento da membrana basal (Figura 4. 6).

Após a ingestão de 10 mg de extrato de *Z. officinale,* a parte do túbulo seminífero é semelhante à natural e a outra parte é danificada. A degenerescência hidrópica tem lugar nas células espermatogénicas. A necrose nuclear e a citólise em geral caracterizam-se por uma falta de espermatozóides (Figura 4. 7).

A secção testicular de ratos machos com 15mg de extrato de *Z. officinale mostra* um pequeno número de túbulos seminíferos e membrana basal danificados, bem como células leydig (Figura 4. 8).

Após a adição de 5 mg de extrato de *P. cubeba* ao leite de vaca, os resultados mostram que a maior parte dos túbulos seminíferos foi danificada, o que levou à rutura da membrana basal, enquanto as células espermatogénicas perderam a sua sequência formativa na membrana basal em direção ao lúmen do túbulo médio, tendo ocorrido uma rutura total da membrana basal numa parte dos túbulos seminíferos. Ausência de espermatozóides na parte parcial em outras e encontrou um tipo de arranjo na terceira parte. Células de sertoli evidentes e aderentes aos espermatozóides antes da espermatogénese para nutrir, por outro lado, na maioria das regiões ou locais, células de leydig misturadas com túbulos danificados (Figura 4.9).

Enquanto o animal recebeu 10 mg de extrato de *P. cubeba*, o resultado mostra que a diminuição das células espermatogénicas nos túbulos seminíferos. Assim, na maioria dos túbulos, as células espermatogénicas apresentam-se sob a forma de células separadas, nas quais ocorreu necrose nuclear e citólise, caracterizada pela densidade da morfologia da cauda, do pescoço e da cabeça (Figura 4.10).

A secção testicular de ratos machos com 15 mg de extrato de *P. cubeba* mostra que os túbulos seminíferos danificados, em que a maior parte levou a que as células espermatogénicas se misturassem com os espermatozóides no meio do lúmen. Há uma densidade de células sertoli e espermatogénicas aderentes ou próximas da membrana basal, mas as células leydig aglomeram-se na maior parte das regiões. Em parte dos túbulos, há presença de espermatozóides e outros misturados ao muco no centro ou sem túbulos seminíferos (Figura 4.11).

A secção testicular de ratos machos com 5 mg da mistura dos três extractos de plantas (1:1:1) de (*Z. officinale, P.ginseng* e *P. cubeba*) extrai um pequeno número de túbulos seminíferos, e a membrana basal é danificada, bem como as células leydig a densidade de células espermatogénicas em várias fases de formação (Figura 4.12).

A secção testicular de ratos machos com 10 mg da mistura dos três extractos de plantas (1:1:1) de (*Z. officinale, P.ginseng* e *P. cubeba*) extrai a densidade de células espermatogénicas em várias fases de formação, bem como espermatozóides onde como uma densamente no centro e parte dos túbulos. Densidade de células de sertoli com morfologia maioritariamente normal dos espermatozóides. Noutros túbulos, os espermatozóides aparecem como uma placa de decomposição tingida com coloração de eosina (Figura 4. 13).

Enquanto os ratos machos receberam 15 mg da mistura, os resultados mostram que aproximadamente todos os túbulos seminíferos estão danificados e não conseguem distinguir as bordas do túbulo, o esperma foi misturado com células espermatogénicas em todo o testículo e a maioria das células geradoras de esperma aumentou em volume ou tamanho devido à geração hidrópica (a absorção de fluido em decomposição). As células de Leydig não se diferenciaram e misturaram-se com as células geradoras de esperma (células espermatogénicas) (Figura 4.14).

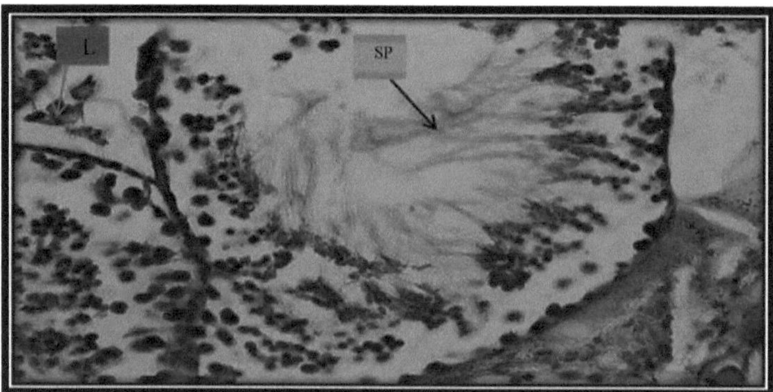

Figura (4. 1): A secção transversal do tecido testicular do grupo de controlo mostrou o aspeto normal da estrutura dos túbulos seminíferos com a presença de espermatozóides (SP), tendo

sido encontradas células de Leydig entre os túbulos seminíferos. (400X)

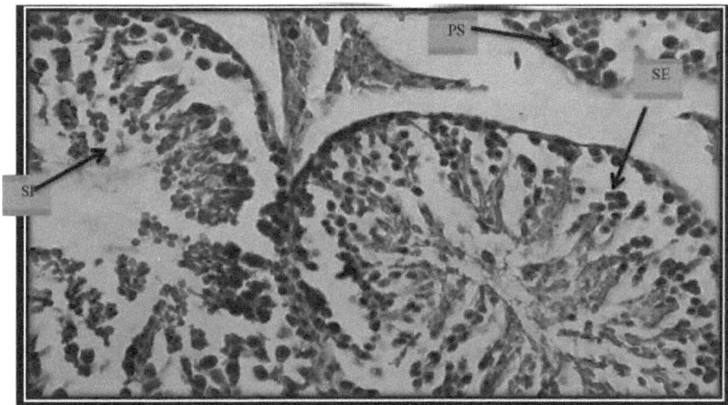

Figura (4. 2): Secção transversal do tecido testicular do grupo de cloreto de cádmio 50 mg/kg mostrou espermátides (SP), células espermáticas primárias (SE) e células de sertoli óbvias (SE). (400 X)

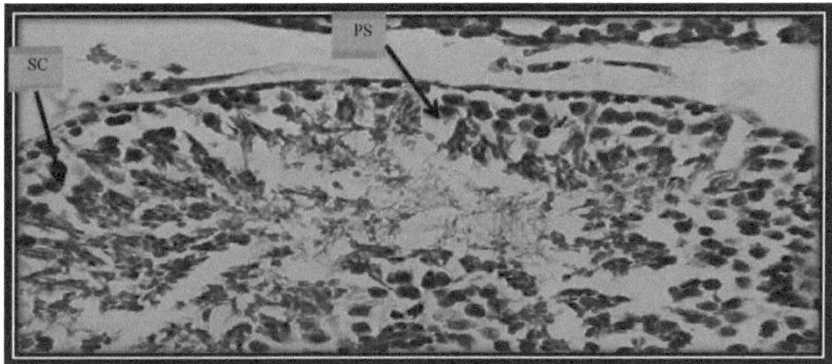

Figura (4. 3): Secção transversal de tecido testicular com 5 mg de extrato de *P. ginseng* *mostrando* espermatócitos (PS) e densidade de células de sertoli (SC). (400 X)

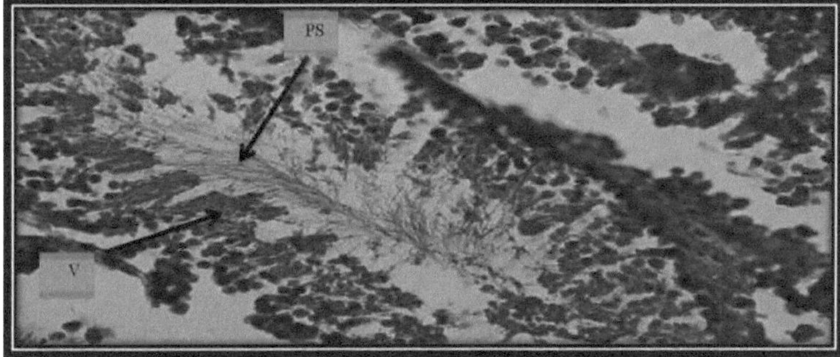

Figura (4. 4): Secção transversal de tecido testicular 10 mg de extrato de *P. ginseng* mostrou os espermatozóides (SP) e vacúolos (V). (400 X)

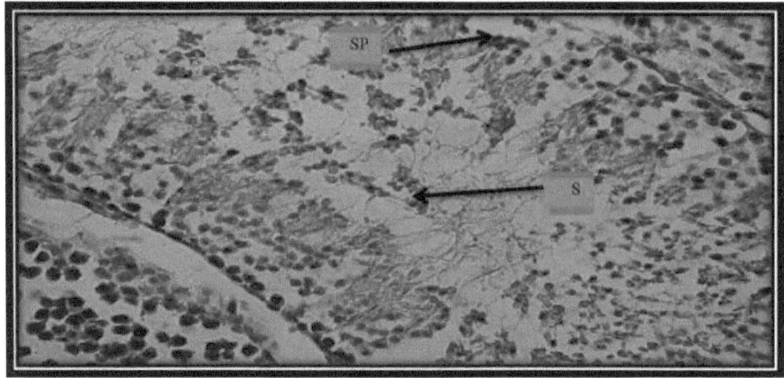

Figura (4. 5): Secção transversal de tecido testicular com 15 mg de extrato de *P. ginseng* não mostrou espermatozóides distintos no meio do túbulo (S), célula geradora de espermatozóides (SP). (400 X)

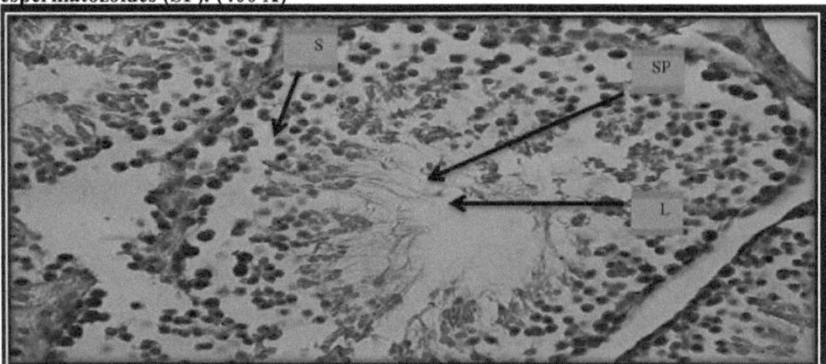

Figura (4. 6): Secção transversal de tecido testicular 5 mg de extrato de *Z officinale* mostrou espermatozóides (SP), espermátides (S) e lúmen (L). (400X)

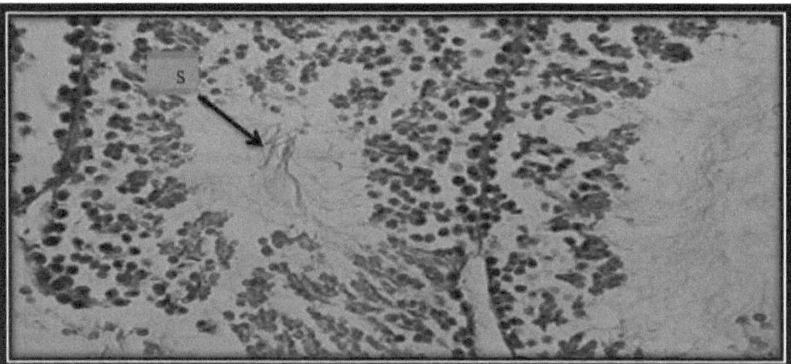

Figura (4. 7): Secção transversal de tecido testicular 10 mg de extrato de *Z offcinale* mostrou que os espermatozóides (S) no túbulo seminífero são semelhantes aos naturais.(400X)

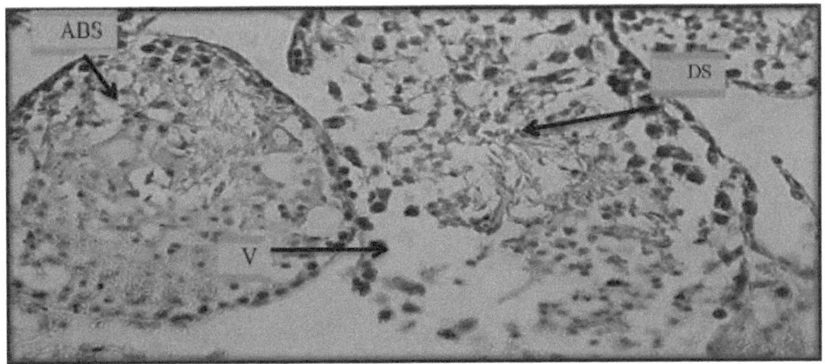

Figura (4. 8): Secção transversal de tecido testicular 15 mg de extrato de *Z. officinale* mostrou células de espermatogénese anormais (ABS), vacúolos (V) e espermatozóides mortos (DS). (400X)

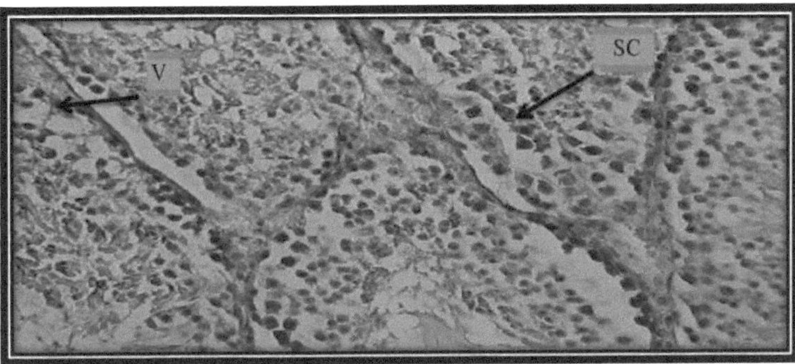

Figura (4. 9): Secção transversal de tecido testicular 5 mg *de* extrato de *P. cubeba* mostrou células de sertoli óbvias (SE) e vacúolos (V). (400X)

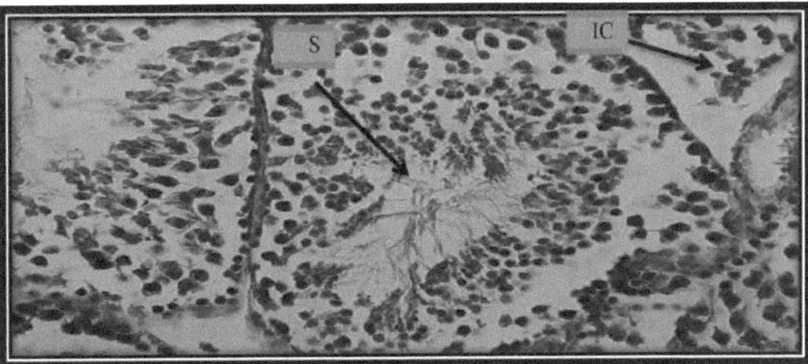

Figura (4. 10) Secção transversal de tecido testicular 10 mg *de* extrato de *P. cubeba* mostrou os espermatozóides (S) e as células intersticiais (IC). (400X)

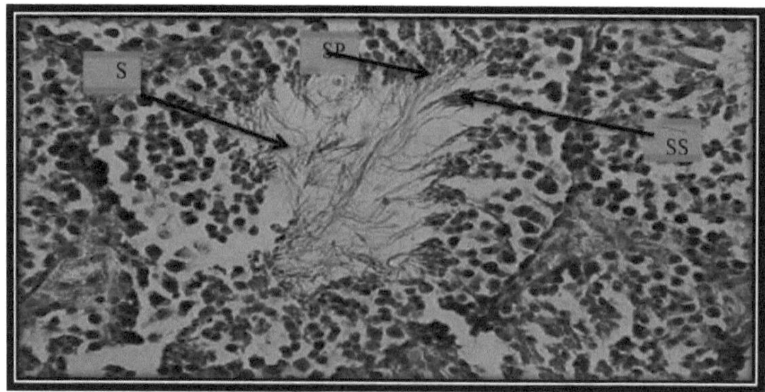

Figura (4. 11): Secção transversal de tecido testicular 15 mg *de* extrato de *P. cubeba* mostrou que os espermatozóides (S), espermátides (SP) e espermatócitos secundários (SS). (400X)

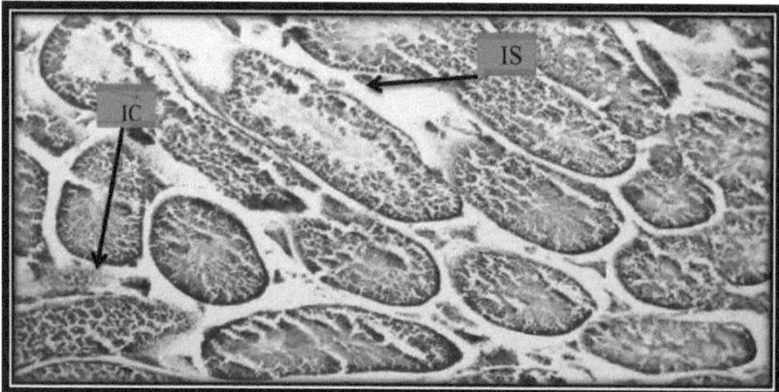

Figura (4. 12): Secção transversal de tecido testicular 5 mg de extrato misto de plantas mostrou células intersticiais (IC) e espaço intersticial (IS). (400X)

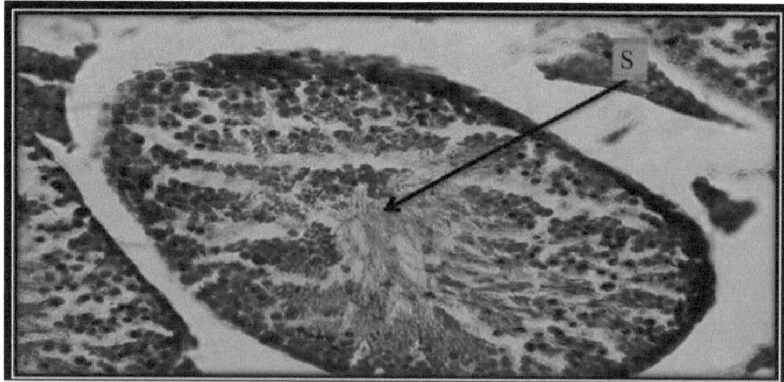

Figura (4. 13): Secção transversal de tecido testicular 10 mg de extrato misto de plantas mostrou maioritariamente espermatozóides normais (S). (400X)

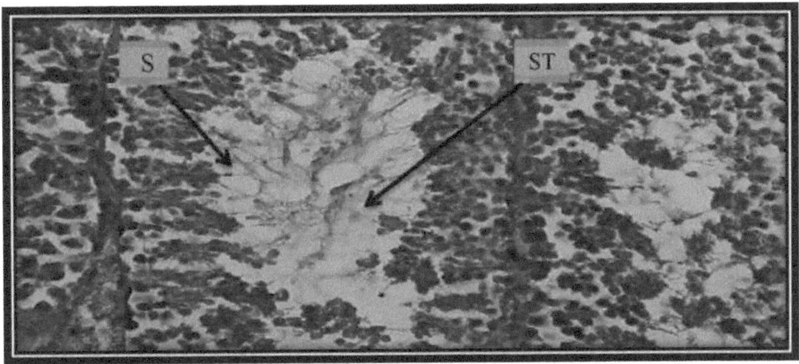

Figura (4. 14): Secção transversal de tecido testicular 15 mg de extractos mistos de plantas mostrou os espermatozóides (S) e espermátides (ST). (400X)

5-1 Conclusão

Os resultados do presente estudo permitem concluir que

1. As combinações de extractos de plantas com leite de vaca melhoram a análise da textura do iogurte durante o armazenamento de 21 dias no frigorífico.
2. O iogurte fortificado com extrato de plantas melhora as propriedades físicas e químicas do iogurte.
3. Os suplementos de diferentes concentrações de extractos de ervas aumentam a atividade antioxidante do iogurte.
4. A exposição ao cádmio induziu uma diminuição do nível das gonadotrofinas (FSH e LH) e da testosterona, o que pode levar à infertilidade masculina.
5. A combinação de iogurte com diferentes extractos de plantas melhora a contagem de espermatozóides, a percentagem de morfologia dos espermatozóides, a percentagem de motilidade dos espermatozóides e a atividade dos espermatozóides.
6. O iogurte fortificado mostra mais potência na proteção contra a infertilidade masculina induzida pelo cádmio em ratos e danos no esperma.

5-2 Recomendação

As seguintes sugestões podem ser recomendadas para estudos futuros:

1. Podem ser recomendados mais estudos para extrair o composto ativo das ervas e o seu efeito na microbiologia do iogurte e de outros produtos lácteos.
2. São necessários mais estudos experimentais para investigar a influência do extrato de ervas com iogurte nos parâmetros séricos e noutros parâmetros bioquímicos em animais.
3. São necessárias mais investigações para utilizar outros tipos naturais de antioxidantes, como as plantas medicinais.
4. Recomenda-se a realização de mais estudos para explicar a utilização de alimentos fortificados com extractos de ervas para reduzir a toxicidade.

Referências

Adeeko, A., Welsen S., & Dada B. (1998). A cloroquina reduz a capacidade de fertilização do esperma epididimal em ratos. Afri. J. Med. Med. Sci.27, 63 - 68.

Ahmed R.G. (2005). Os efeitos fisiológicos e bioquímicos da diabetes no equilíbrio entre o stress oxidativo e o sistema de defesa antioxidante, Medical journal world of sciences 15(1): 31- 42.

Ahmed R.S., Seth V., & Banerjee (2000). Influência do gengibre (Zingiber officinale Roscoe) no sistema de defesa antioxidante do rato: comparação com o ácido ascórbico. Indian J. Exp. Bio. 38: 604- 606.

Akalin Sorae. (1993). Investigações sobre a produção de produtos lácteos fermentados como o iogurte e determinação de algumas propriedades. Tese de doutoramento. Faculdade de Agricultura, Universidade de Ege, Izmir, Turquia.

Akalin, A. & Gönc M. (1997). Influência do iogurte e do iogurte acidófilo nos níveis séricos de colesterol em ratos. J. Dairy Sci. 80:2721-2725.

Akin M.S., & Konar A. (1999). Uma investigação sobre as propriedades físico-químicas e sensoriais do iogurte de fruta produzido a partir de leite de vaca e de cabra e armazenado durante 15 dias. Journal of Agriculture & Forestry; 23:557-567.

Akondi, R.B., Porre K. Annapurna L. & Merse P. (2011). Efeito protetor da rutina e da naringina na qualidade do esperma em ratos diabéticos tipo 1 induzidos por estreptozotocina, Iranian Journal of Pharmaceutical Research 10(3): 585-596.

Akram H, Ghaderi Pakdel F, Ahmadi A., & Zare S.(2012). Efeitos benéficos do ginseng americano na análise do esperma epididimal em ratos tratados com ciclofosfamida. Cell J. ;14:116-21.

Alakali, J. S., Okonkwo, & Iordye K. (2008). Efeito dos estabilizadores nos atributos físico-químicos e sensoriais do iogurte termizado African Journal of Biotechnology Vol. 7 (2): 158-163.

Al-Dujaily, & Salwan .S. (1996). Ativação de Esperma In Vitro e Inseminação Intrabursal em Ratos. Tese de Doutoramento. Tese de Doutoramento. Faculdade de Medicina Veterinária. Universidade de Bagdade.

Ali M. (1998). Livro de texto de Farmacognosia, 2nd Edn, CBS publishers & Distributors: 258- 262,

Amer M., & Lamend Mero. (2000). Health maintenance benefits of cultured dairy products. Cultured Dairy Products J. 18:6-19

Amr A, & Hamza A. (2006). Efeitos da Roselle e do Gengibre na toxicidade reprodutiva induzida pela cisplatina em ratos. Asian J., 8: 607-612.

Amtchou P, F&io G. & Jatsa H. (2002). Avaliação da atividade &rogénica de *Zingiber officinale* & pentadipl e rabrazzeana em ratos machos. Asian J &rol. 4:299-301.

Anjum, R. R., Zahoor, T. & Akhtar, S.(2007). Comparative study of yoghurt prepared by using local isolated and commercial imported starter culture". J. Res Sci., B. Z. Univ, 18 (1): 35-41.

Anónimo (2007). Yogurt tarihçesi. Iogurte fortificado com diferentes concentrações de ervas. Centro de Investigação J. Turkey Sci. 21:44-52.

Anónimo. (2013). Indian Herbal Pharmacopoeia, Vol 2, Associação Indiana de Fabricantes de Medicamentos e Laboratório Regional de Pesquisa: 163173,

Antonov, Y. A., Lashko, N. P., Glotova, Y. K., Malovikova, A., & Markovich, O. (1996) Efeito das características estruturais das pectinas e alginatos na sua compatibilidade termodinâmica com a gelatina em meio aquoso. Food Hydrocolloid 10, 1-9.

AOAC, 1995. Official Methods of Analysis of the Association of Official Analytical Chemists. Vol II 16th ed.,AOAC Arlington, VA.

Aportela A, Sosa M. & Velez F. (2005). Comportamento reológico e físico-químico do iogurte fortificado com fibra e cálcio. J. Texture Stud. Of Fliud 33: 333-349

Aqil F., Ahmed I., & Mehmood Z.(2013). Propriedades antioxidantes e de eliminação de radicais livres de doze plantas medicinais indianas tradicionalmente utilizadas: J. Plant sci. 43: 231-241.

ATSDR, (1999).Toxicological profile for cadmium (update). U.S. Department of Health & Human Services, Public Health Service, Division of Toxicology, Toxicology Information Branch, Atlanta, GA

Balasundram. N., Sundram, K., & Samman, S., (2006). Compostos Fenólicos em Plantas e Subprodutos Agro-Industriais: Antioxidant Activity, Occurrence, and Potential Uses, Food Chemistry, 99 , 191-203.

Bancroft, J. & Stevens, A. (1982). Enzyme Histochemistry. In: Teoria e Prática de Técnicas Histológicas Bancroft e Steven A. (Ade) 2ª edição. Churchill living stone, Londres, P: 3374-405

Barnes, H. A., & Nguyen, Q. D. (2010). "Reometria de palhetas rotativas: A review. Journal of NonNewtonian Fluid Mechanics", 98(1), 1-15.

Barrett B. (2011). Plantas medicinais da costa atlântica da Nicarágua. Economic Botany j. 481:8-20.

Bassey, E., C. Jackson, A. Aquaisua, E. Basse & G. (2011). Efeito da Piper nigrum no estômago do rato wistar. Int. J. Pharm. Biomed. Res., 2: 68-73

Barba J. (2006). O extrato vegetal e a saúde humana. Sci Total Environ. 355:78-89.

Begum S., Hassan S., Siddiqui B., Shaheen F., & Ghayur N. (2002). Efeito do extrato de planta na saúde humana: A review.J. Plant info., 12: 221-229.

Belewu I., Kerone P. & Bamidele R. (2010). Iogurte de coco: preparação, composição e qualidades organolépticas. Jornal Africano de Ciência e Tecnologia Alimentar Vol. 1(1) : 010-012.

Belitz H.D., W. Grosch & Schen P. (2009). Food chemistry, New-York.Springer pg 1043-1070.

Benezech, & Jeen Maingonnat, (1994). Caracterização das propriedades reológicas do iogurte: A review. J. Food Eng., 21: 447-472.

Berthier, M. (2005). Problemas actuais da intoxicação por chumbo. Imprensa. Med. 27(16):763- 765.

Bh&ari U., Sharma, & Zafar R. (2011). A ação protetora do extrato etanólico de gengibre (*Zingiber Officinale*) em coelhos alimentados com colesterol. J. Ethnopharmacol. 61:167-171.

Bisset N. & Wichtl M, (2012). Medicamentos à base de plantas e produtos fitofarmacêuticos, Medpharm Scientific Publishers J. 4: 200:211

Bonczar G., Wszolek & Siuta A. (2002). Os efeitos de certos factores nas propriedades do iogurte feito de leite de ovelha. Food Chem., J. food chem. 79: 85-91.

Bone M., Wilkinson J., Young J., McNeil & Charlton S. (1990). Raiz de gengibre, um novo antiemético. The effect of ginger root on postoperative nausea and vomiting after major gynaecological surgery. Anaesthesia. 45(8): 669-71.

Boube, A., N. Njintang, H., Foyet, & Mbofung, (2012) composição proximal, conteúdo mineral e vitamínico de algumas plantas selvagens usadas como especiarias nos Camarões Food Nutr.,3: 423-432

Br&-Williams, Cuvelier M., & Berset C. (1995). Antioxidant activity determined using stable radical, 1,1-diphenyl-2-picrylhydrazyl (DPPH), Lebensmittel-Wissens-chaft-und-Technology; 28:25.

Brask T., Grontved A., Kambskard & Hentzer E. (1988). Ginger root against seasickness: a controlled trial on the open sea sea. Ata Otolaryngol.105: 45-49.

Caflisch, C. R. & Dubose, T. D. J. (2011). Alterações induzidas por cádmio no pH do fluido luminal no testículo e epidídimo do rato in vivo. J. Toxicol. Environ. Health, 32: 49-57.

Caplan, M. (2000). Neonatal Necrotizing Enterocolitis: Possible Role of Probiotic Supplementation. Journal of Pediatric Gastroenterology & Nutrition, 30, P 18-22.

Carlscn E, Giwercman A, Keiding N, Skakkebaek NE.(2002) Evidence for decreasing quality of semen during past 50 years. BMJ; 305:609613.

CDC, (2005). Produtos químicos ambientais humanos. Third National Report, Centers Disease Control & Prevention. Washington, DC.

Champagne C. & Gardener N. (2012). Desafios na adição de culturas probióticas aos alimentos. Critical Reviews in Food Science and Nutrition 45 61-84.

Chande A. & O'Rell, (2011). Princípios do processamento de iogurte. In: Manufacturing Yogurt and Fermented Milks, Blackwell Publishing: Oxford. pp. 195-209.

Chen, & Stokes J. (2012). Reologia e tribologia: Dois regimes distintos de sensação de textura alimentar. Tendências da Ciência Alimentar. Technol. 2012, 25: 4-12.

Chocsea S, Park C., & Kim C. (2013). Efeitos do extrato de bagas de ginseng coreano (GB0710) na ereção peniana: evidências de estudos in vitro e in vivo. Asian J &rol. ;15:503-507.

Choi E. & Hwang J. (2003). Investigações das actividades anti-inflamatórias e antinociceptivas de Piper cubeba, Physalis angulata e Rosa hybrida. Journal of Ethnopharmacology 89:171-175.

Coisson J., Piana G., Capasso N., & Arlorio M. (2005). Sumo de Euterpeoleracea como pigmento funcional para iogurte. Food Research International 38: 893-897.

Crusch G., Samuel O. & Rawshene R. (1987). Lactobacillus delbrueckii Spp. Dulgaricus. Jornal de química alimentar 43, 221-234>

Dale, B. & Elder K. (1997). Análise e preparação do sémen para técnicas de reprodução assistida. In: in vitro Fertilization. Cambridge University Press, Cambridge, Pp. 85-88.

Dalgleish, D., & Law, A. (1988). dissociação induzida pelo pH de micelas de caseína bovina. I. Análise das caseínas libertadas. J. Dairy Res. 55,529538.

Dekrester, D. (2012). Estrutura geral do sistema reprodutor feminino. In: Endocrinologia da Reprodução Masculina. McLachlan (eds.) Capítulo 1 Pp: 7-35.

Demin G., Yingying (2010). Actividades antibacterianas comparativas do extrato bruto de plantas Indian Journal of science, 42:323-332

Demiray S., Pintado M.E. & Castro P.M.L. (2009). Avaliação dos perfis fenólicos e actividades antioxidantes de plantas medicinais turcas: *Tilia argentea*, folhas de *Crataegi folium* e raízes de *Polygonum bistorta*. World Acad. Sci. Eng. Technol., (54):312-317.

Dennapa, B., Kamonrad, R. & Hataichanoke, N. (2006). Extração e características físico-químicas do ácido piper spec. Chiang Mai Journal of Science 33 (1): 129-135.

Desai S.R., Toro A. & Joshi V (1994). Utilização de diferentes frutos no fabrico de iogurte. Indian

Journal of Dairy Science 47 870874.

Dirienzo DB. (2011). Bactérias Probióticas: Implicações para a saúde humana. Journal of Nutrition Sc. 130 382p-383p.

Djeridane, A., Yousfi, M., Nadjemi,B., Boutassouna,D., Stocker, P., & Vidal (2006). Antioxidant Activity of Some Algerian Medicinal Plants Extracts Containing Phenolic Compounds, Food Chemistry, 97, 654-660.

Dodson C.D., Dyer L.A., Searcy J., & Wright Z. (2012). Letourneau D.K.Cenocladamide, um alcaloide diidropiridona de Piper cenocladum. Phytochemistry. (53): 51.54.

Domagala J., Sady M., Grega T., & Bonczar G. (2006). Propriedades reológicas e textura de iogurtes quando a aveia-maltodextrina é usada como substituto de gordura. International Journal of Food Properties, 9: 1-11.

Dorman H.J., & Deans S.G. (2000). Agentes antimicrobianos de plantas extraem a atividade antibacteriana de óleos voláteis de plantas. J. Appl. Microbiol;(88):308-316.

Duncan, D.B. (1955). Mutable range & mutible F. test. Biometrics 2nd ed. 11:1-42

Dyatmiko W., (2000). Teste de Antiradikal livre Difenilpikrilhidrazil (DPPH) Extratos de etanol Algumas plantas Piperaceae, Instituto de Pesquisa e Serviço Comunitário Universidade de Airlangga.

Eisai P.T. (1995) Medicinal Herb Index in Indonesia. 2nd edition. Dian Rakyat, Jakarta, 21 pp. Elsevier: 289-292.

Eissa, E. A., Mohamed A., Yagoub, A. E., & Babiker, E. (2010). Características físico-químicas, microbiológicas e sensoriais do iogurte produzido a partir de leite de cabra. Livestock Research for Rural Development, 22, 247e253.

Evans W. C. (2002). Trease & Pharmacognosy, 16th Edn, Saunders

Fern&ez-Garcia E., Vilaviciosa, C. & Mc Gregor, (1994). Determinação de ácidos orgânicos durante a fermentação e armazenamento a frio de iogurte. J. Dairy Sci., 77: 2934-2939.

Ford, W.C. (2006). Motilidade dos espermatozóides: Será que uma colherada de açúcar ajuda o flagelo a girar? Hum. Reprod.Upd., 12(3): 269-274.

Foresta C, De Carlo E., Zorzi M., Rossato M., & Finelli L. (1990). Possível significado do zinco seminal nas funções dos espermatozóides humanos. Ata Eur Fertil;21(6):305-8.

Franca S. (2002). *Physalinas* antimicobacterianas de *Physalis angulata* L. (Solanaceae). Investigação em Fitoterapia 16:445-448.

Fuquay, Peenea F. Fox & McSweeney P. (2011).Encyclopedia of Dairy Sciences. 2nd Ed,.

Ghadge P.N., Prasad K. & Kadam (2008). Effect of fortification on the physic chemical & sensory properties of buffalo milk yoghurt, Agriculture & Food Chemistry J. 7 2890-2899.

Ghiassi. (2011). Formulação de iogurte moldado com sabor a fruta utilizando pigmentos naturais e avaliação das suas características, Universidade de Ciências Agrícolas e Recursos Naturais de Gorgan.12: 213-301.

Ghosh, A. K., (2011). *Zingiber Officinale* Natural Gold. Jornal Internacional de Ciências Farmacêuticas e Biológicas, 2: 283-294.

Gibson G.R., & Roberfroid, (2013). Microbiota do cólon, nutrição e saúde. Dodrecht: Kluwer Acdemic Publishers.

Glazener CM, Kelly NJ, & Weir MJ (1987). The diagnosis of male infertility- prospective time specific study of conception rates related to seminal analysis, hormones and post-coital sperm-mucus penetration & survival in otherwise unexplained infertility. Hum. Reprod., 2: 665- 671.

Glibowski P., & Wasko A. (2008): Effect of thermochemical treatment on the structure of inulin & its gelling properties. Jornal Internacional de Ciência e Tecnologia Alimentar, 43: 2075-2082.

Gobbato N., Rachid M., & Perdigon G. (2011). Efeito anti-inflamatório do iogurte em uma doença inflamatória intestinal experimental em camundongos. J. Dairy Sci. 75: 497-504.

Gobbetti, M., Ferranti, P., Goffredi, F., & Addeo, F. (2000). Produção de peptídeos inibidores da enzima conversora de angiotensina I em leites fermentados iniciados por Lactobacillus delbruekii subsp. bulgaricus SS1 e Lactococcus lactis subspcremoris FT4. Microbiologia Ambiental Aplicada, 66: 3898-3904.

Govindarajan V.S. (2012). Ginger: Química, tecnologia e avaliação da qualidade. Crit Rev Food Sci Nutr, 17(1): 238-245.

Gulcin I. (2005). Os componentes fenólicos antioxidantes e as actividades de eliminação de radicais das sementes de pimenta preta. Int J Food Sci Nutr. (56):491-499,

Guler Z. (2007). Alterações no iogurte salgado durante o armazenamento. Int. J. Food Sci.Technol., vol. 42, pp. 235-245.

Hans CP, Sialy R., & Bansal D.(2002). Magnesium deficiency & diabetes mellitus. Current Science;83(12):1456-63.

Haque, A., Richardson, R. & Morris, E. (2001). Efeito da temperatura de fermentação sobre a reologia do iogurte batido e agitado. Food Hydrocolloids, 15: 593-602.

Harper, J., Barnes, D., & McDaniel, MR. (1991). Classificações sensoriais de iogurtes simples comerciais por painéis de consumidores e descritivos. J Dairy Sci 74:2927-2935.

Harte F., Luedecke, B. Swanson & Barbosa-Canovas (2003). Iogurte de baixo teor de gordura feito de leite submetido a combinações de alta pressão hidrostática e processamento térmico. J. Dairy Sci. 86:1074-1082.

Hasegawa H. (2004) Prova da eficácia misteriosa do ginseng: ensaios básicos e clínicos: ativação metabólica do ginsenósido: desglicosilação por bactérias intestinais e esterificação com ácido gordo. J Pharmacol Sci 95: 153-157.

He H., Xu J., Zhang C., Wang H., Wang T., & Yuan D. (2012). Efeitos cardioprotetores das saponinas de Panax japonicus na isquemia miocárdica aguda contra danos desencadeados pelo estresse oxidativo e morte de células cardíacas em ratos. J. Ethnopharmacol. 140:73-82

Herouart D., Sangwan RS, Fliniaux M., & Sangwan-Norreel (1988). Variações no conteúdo alcaloide da folha de plantas diplóides &rogénicas de Datura innoxia. Planta Med 54: 14-17.

Herrero & Requena, T. (2006). O efeito da suplementação do leite de cabra com concentrado proteico de soro de leite nas propriedades texturais do iogurte tipo set. In. J. Food Sci. Technol., 41: 87-92.

Husame, Rame S., Mah. Ahwali, & Sami Moh. (2011). Efeitos do ginsenosídeo, vitamina E e suas combinações na morfologia dos espermatozóides em ratos machos albinos, J. Mid. Sci.18: 147-153.

Ignat I., & Popa, V.I., (2011). Revisão crítica dos métodos de caraterização de compostos polifenólicos em frutas e legumes, Food Chemistry, 126, 1821-1835.

IPCS, (1992). Cádmio. In: Environmental Health Criteria. O Programa Internacional de Segurança Química (IPCS), um empreendimento conjunto do Programa das Nações Unidas para o Ambiente, da Organização Internacional do Trabalho e da Organização Mundial de Saúde, Genebra, Suíça. Pp: 134

Isaac, L. J., Abah, G., Akpan, B., & Ekaette, I. U. (2013). Propriedades hematológicas de diferentes raças e sexos de coelhos (p.24-27). Actas da 18.ª Conferência Anual da Associação de Ciência Animal da Nigéria.

Isanga & Zhang, (2009). Produção e avaliação de alguns parâmetros fisico-químicos do iogurte de leite de amendoim. LWT-Food Sci. Technol., 42: 1132-1138.

Ishikawa, T., Kudo, M., & Kitajima, J. (2002). Constituintes solúveis em água do endro. Boletim Químico Farmacêutico, 50, 501-507

Isidori AM, Pozza C, & Gianfrilli D.(2006) Tratamento médico para melhorar a qualidade do esperma. J Reprod Biomed;12: 704 -714.

Jang J., Lee M., Shin B. C., & Ernst E.(2008) Red ginseng for treating erectile dysfunction: a systematic review. Br J Clin Pharmacol ;66: 44450.

Januario A., Rodrigues Filho R. , Pietro RCLR, Kashima S., & Jarup, L. (2002). Efeitos da exposição ao cádmio na saúde. Uma revisão da literatura e uma estimativa de risco. Sc&. J. Work Environ. Health, 24(3): 240.

Jarup L., Berglund &Vahter, M. (1998). Efeitos da exposição ao cádmio na saúde. Uma revisão da literatura e uma estimativa de risco. Sc&. J. Work Environ. Health, 24(3): 240.

Jayaprakasha, E. & Heimeir, B. R. (2012). Problemas ambientais causados por cádmio e chumbo. O Ssalonik, Det. Zool. GR

Jenkins A.L., Jeros D.J.A., Wolever S., & Rogovik (2011). Reduções comparáveis da glicose pós-prandial com biscoitos enriquecidos com uma mistura de fibras viscosas em indivíduos saudáveis e pacientes com diabetes mellitus: Acute r&omized controlled clinical trial. Croatian Med. J. 49, 772-782.

Jensen S., Hansen J., & Boll P. (1993). Lignanas e neolignanas de Piperaceae (Revisão). Phytochemistry 3.3:523-530.

Jia, X., Q. Zhang, J. F. Yuan, & D. Zhao, (2011). Efeitos hepatoprotectores do óleo de gengibre na qualidade do sémen em ratos, Food Chemistry 125: 673678.

Joly L.G. (1981). Alimentar e apanhar peixes com *Piper auritum*. Econ Bot 35:383390.

Jorsaraei, S.G., Yousefnia, Beiky & Damav&i, (2008). Os efeitos dos extractos metanólicos de gengibre (*Zingiber officinale*) nos parâmetros do esperma humano; um estudo in vitro. Pak. J. Biol. Sci., 11: 1723-1727.

Kâhkönen P., Hopia AI., Rauha J., Pihlaja K., Kujala S, & Heinonen M. (1999): Antioxidant activity of plant extracts containing phenolic compounds. J Agri Food Chem. (47): 3954-3962.

Kailasapathy K. (2006). Sobrevivência de bactérias probióticas livres e encapsuladas e seu efeito sobre as propriedades sensoriais do iogurte. LWT e Food Science & Technology,39, 1221e1227.

Kamruzzaman M, Islam MN, & Rahman MM.(2002) .Shelf life of different types of dahi at room & refrigeration temperature. Pakistan Journal of Nutrition;1:234 -237.

Kamtchouing P, F&io G., Dimo T, & Jatsa HB.(2012). Avaliação da atividade &rogênica de *Zingiber officinale* & pentadipl&ra brazzeana em ratos machos. Asian J &rol. 4:299-301.

Kappers I., Aharoni A., van Herpen, &White H (2011). Formulação e Processamento de Iogurte. Dairy Science87 543-550.

Karagul-Yuceer, Coggins, J.C., & Wilson (1999). Propriedades sensoriais do iogurte de ervas e aceitação do consumidor. J. Dairy Sci., 82: 1394-1398.

Karakus E, Karadeniz A., Simsek N., Yildirim S. & Kalkan Y. (2011). Efeito protetor do Panax ginseng contra alterações bioquímicas séricas e apoptose no fígado de ratos tratados com tetracloreto de carbono (CCl4). J. Hazard Mater. 195:208-213.

Katiyar SK, Agarwal R., & Mukhtar H. (2010). Inibição da promoção do tumor na pele do rato SENCAR pelo extrato etanólico do rizoma de *Zingiber officinale. Cancer Res.* 56:1023-1030.

Kavas, G., Uysal, H., Kilic, S., Akbulut, N. & Kesenkas, H. (2003). algumas propriedades do iogurte produzido a partir de leite de cabra e misturas de leite de vaca e cabra por diferentes métodos de fortificação. Pakistan Journal of Biological Science, 6 (23): 1936-1939.

Keating K, S. & R& besens (1990). Effect of alternative sweeteners in plain & fruit flavored yoghurt. J. Dairy Sci., pp. 37-54.

Kebary, K.M.K., I.F. Seham & Hamed H.(2002). Minerals & amino acids content of some Egyptian yogurt, cheese. Actas da 5ª Conferência Egípcia de Ciência e Tecnologia dos Lacticínios, Ismalia, Egipto, pp. 175-176: 175-176

Khaki, A., F. Fathiazad, M. Nouri, A.A. Kone, N.A., & P. Ahmadi, (2010) "Beneficial effects of quercetin on sperm parameters in streptozotocin induced diabetic male rats", Phytotherapy Research 24(9): 1285-1291.

Khan, N., I. S. Jeong, Hwang, J. S. Kim, S. H. Choi, E. Y. Nho, J. Y. Choi, K. S. Park, & K. S. Kim. (2014). Análise de elementos menores e vestigiais em plantas por espetrometria de massa de plasma indutivamente acoplado (ICP-MS). Food Chem. 147: 220-224.

Kim DO, Jeong S.W., Lee C.Y. (2003). Capacidade antioxidante de fitoquímicos fenólicos de várias cultivares de ameixas. Food Chem, 81:321-326.

Konstantinos B. Petrotos, Fani K. & Karkanta, (2012). Produção de novo iogurte bioativo enriquecido com polifenóis de azeitona. Academia Mundial de Ciência, Engenharia e Tecnologia j. 64: 224-258.

Krishnaiah D., Sarbatly R, & Bono A. (2012). Antioxidantes fitoquímicos para saúde e medicina: Um movimento em direção à natureza. Biotechnol Mol Biol Rev 1: 97-104.

Krusch U., Neve H., Luschei B., & Teuber (1987). Caracterização de bacteriófagos virulentos de *Streptococcus salivarius* subsp. *thermophilus* por especificidade do hospedeiro e microscopia eletrónica. Kieler Milschwirtschaftl. Forsch. Ber., vol. 39, pp. 155-167.

Kubomara K.(2012). O Japão redefine os alimentos funcionais. Prepared Foods 167, 129132.

Kumar, P., & Mishra. N. (2004). Iogurte de manga e soja fortificado: Efeito da adiçao de estabilizador nas propriedades físico-químicas, sensoriais e texturais. Food Chem. 87:501-507.

Lafuente, A.; Mârquez, N.; Perez-Lorenzo, M.; Pazo, D. & Esquifino, A.I. (2001). Efeitos do cádmio no eixo hipotálamo-hipófise-testicular em ratos machos. J. Exp. Biol. Med., 226: 605-611.

Leat, Widet L. & Ferean K. (1983). Efeito de alguns extractos de ervas no desenvolvimento testicular e análise do soro no rato, Quarterly Journal of Experimental Phy. 68(2): 231-241.

Lee B.H, Hyung J., Myeong N., Bin K, & Geun EJ (2006). Transformação dos glicosídeos de materiais alimentares por probióticos e microrganismos alimentares. J Microbiol Biotech 16: 497-504.

Lee K.W., Kim Y.J., Sart H.J., & Nesos C.Y.(2012). mais fitoquímicos fenólicos e maior capacidade antioxidante do que os chás e os vinhos tintos. J. Agric. Food Chem. 51, 7292-7295.

Lee T., Camp V., Pascual PAL, Meesen G, Thienpont N., Messens K, & Dewettinck K. (2011). Propriedades físicas e microestrutura do iogurte enriquecido com material de membrana de glóbulos de gordura do leite. International Dairy Journal; 21: 798-805.

Lee, W. J., & Lucey, J. A. (2010). Formação e propriedades físicas do iogurte. Asian-Aust. J. Anim. Sci, 23(9), 1127-1136.

Lim P.H. (2013) Ervas tradicionais asiáticas Utilização potencial para a Ásia de início tardio.j.Chem. sci. 12, 125-134

Lokh&e P.D., Gawai K.R., Kodam K.M., & Kuchekar B.S.(2007). Atividade antibacteriana do extrato de Piper longum, J. Pharmacol. Toxicol.;2(6): 574- 579.

Lourens-Hattingh, Roews M. & Viljoen (2011). Yogurt as probiotic carrier food. International Dairy Journal, 11(1), 1-17.

Lucey J.A.(1997). Propriedades dos géis ácidos de caseína obtidos por acidificação com glucono-(5-lactona. 2. Sinérese, permeabilidade e propriedades microestruturais. International Dairy Journal, 7(6-7): p. 397-389.

Luo Q., Cai Y., Sun M., & Corke H.(2004). Atividade antioxidante e compostos fenólicos de 112 plantas medicinais tradicionais chinesas associadas a anticancerígenos. Life Science.;(74):2157-2184.

Madding, Jacob M., Ramsay & Sokol R. Z. (1991). Níveis de zinco no soro e no sémen de homens normozoospérmicos e oligozoospérmicos Ann Nutr. Metab , 30(4):213-8.

Maddocks S. , Hargreave T.B, & Reddie K. (1993). Níveis de hormonas intratesticulares e a via de secreção de hormonas do testículo dos ratos. Int J &rol. 16:272-278.

Magkos F., & Kavouras S. (2004). Caffeine & ephedrine: physiological, metabolic & performance-enhancing effects. Sports Med, 34(13):871-89.

Mahato W. & Sin, (2008) Advances in triterpenoid research, 1990-1994.

Mahdavian A., Mazaheri Tehrani M, & Karazhian R. (2006). O efeito da substância sólida do leite integral no crescimento de bactérias iniciadoras e na qualidade do iogurte concentrado. Journal of Agricultural and Industrial Chemistry, 4 (3): 59-67.

Marhamatizadeh M., Ehs&oost E., Gholami P, Moshiri H, & Nazemi M.(2012). Efeito do permeado no crescimento e sobrevivência de *Lactobacillus acidophilus* e *Bifidobacterium bifidum* para a produção de probióticos

Bebidas nutritivas. Publicações IDOSI. Revista Mundial de Ciências Aplicadas, 18: 1389-1393

Masuda Y, Kikuzaki H, Hisamoto M, & Nakatani N.(2004). Propriedades antioxidantes dos compostos relacionados com o gingerol do gengibre. Biofactors.;21(1-4):293-6.

Mattila-S&holm, & Saarela (2003), Functional Dairy Products, Wood head publishing Limited, Cambridge, Engl. pp. 1-16.

Mazaheri Tehrani , Mahdavian A., & Vakarazhian . (2006). O efeito da quantidade de gordura do leite no crescimento e atividade das bactérias iniciadoras e na qualidade do iogurte. Jornal de Ciências Agrárias e dos Recursos Naturais, Vol XIII, Oitavo N.º: Bahman-esf 85.

Mazahreh, A.S & Ershidat, (2009). Os benefícios das bactérias do ácido lático no iogurte sobre a função gastrointestinal e a saúde. Jornal de Nutrição do Paquistão 8 (9):1404-1410.

Mckinley M. C. (2005). A nutrição e os benefícios para a saúde do iogurte. Revista internacional de tecnologia de laticínios, 58(1), 1-12.

Megenis BR, Prudencio ES, Amboni L. & Benedet H. (2006). Composição e propriedades físicas de iogurte fabricado a partir de soro de leite e queijo concentrado por ultrafiltração. International Journal of Food Science & Technology;41:560-568.

Meisel H. (1997). Propriedades bioquímicas dos péptidos reguladores derivados da proteína do leite Peptide Sci., food science, 43, pp. 119-128.

Merii .G. Parisi, S. Moreno, & Fernândez (2010). Plant Physiol. Biochem of yogurt, 46 (4) pp. 403-413

Michael, C., Henson, & Jorge Chedrese (2004). Desregulação endócrina pelo cádmio, um tóxico ambiental comum com efeitos paradoxais na reprodução. Exper. J. Biol. Med., 229: 383-392.

Momeni, H.R., M.S Mehranjani, M.H. Abnosi, & M. Mahmoodi, (2009) "Effects of vitamin E on sperm parameters and reproductive hormones in developing rats treated with para-nonylphenol ", Iranian Journal of Reproductive Medicine 7(3): 111-116.

Mortazavian AM, & Sohrabv&i S. (2006). Probiotic & probiotic foods, Ata Publication, Tehran, 264 p.

Mosher W.D., & Pratt W.F. (2001). Fecundity & infertility in the United States incidence & trends (Fecundidade e infertilidade nos Estados Unidos: incidência e tendências). J. Fertil Steril; 56:192-193.

Mumtaz, S., Rehman, U., Huma, N., Jamil, A. & Nawaz (2008). Iogurte enriquecido com xilooligossacárido: Physicochemical and sensory evaluation. Jornal de Nutrição do Paquistão, 7 (4): 655-659.

Murrphy, B.R., Atchison, A., Alan G. J. & Kolar, (1998). Conteúdo de cádmio e zinco no corpo humano de um lago com contaminação industrial. J. Health. Physiol., 10: 22-28.

Neere L. Lee Han, J.S. Kim, & Choim (2011). Efeitos da temperatura e do tempo de extração no teor e qualidade de ginsenosídeos no extrato de água de flores de ginseng (*Panax ginseng)* Kor J. Med Crop Sci, 19 ,pp. 27127.

Nighswonger B.D., Branshear M., & Gillil& S. (1996). Viabilidade de *Lactobacillus acidophilus* & *Lactobacillus bulgaricus* em produtos lácteos fermentados durante o armazenamento refrigerado. J. Dairy Sci. 79: 212-219.

Nolte T. Harleman J, & Jahn W. (1995). Histopatologia da atrofia testicular induzida quimicamente em ratos. J. Exp. Toxicol. Pathol., 47: 267-86.

Nomiyama, K., N. Roses, Yotoriyama, M., Akahori & Masaoka, T. (2000). Alguns comentários e propostas sobre dose e efeitos para estimar a concentração crítica de cádmio no córtex renal. In: Actas da 4ª Conferência Internacional sobre o Cádmio, Londres, Cadmium Association. Pp: 167-177.

Noonan, C.W., S.M., Sarasua, D., Caampagna, S., Kathman, J.A., Lybarger & Mueller P. (2002). Effects of exposure to low levels of environmental cadmium on renal biomarkers. J. Environ. Health Perspect, 110: 151-155.

Nostro A., Germano M., D'angelo V, Marino A, & Cannatelli M.A. (2010). Métodos de extração e bioautografia para avaliação da atividade antimicrobiana de plantas medicinais. Lett Appl Microbiol 30: 379-384.

Ogawa, S. Chan, J., Chester, A., Gustafsson J.A., & Korach K.S. (2009). Surviaval de comportamentos reprodutivos em ratos machos e fêmeas deficientes em estrogénio

Bgene. Proc. Natl. Acad. Sci., 96: 1287-1289.

Ozcan, D. Horne, & Lucey (2011). Efeito do aumento do fosfato de cálcio coloidal do leite na textura e microestrutura do iogurte. *J. Dairy Sci.*, 94: 5278-5288.

P. Sherman (1989). Um perfil de textura de géneros alimentícios baseado em propriedades reológicas bem definidas. J. Food Sci. 34: 458-462.

Papadimitriou C. G., Mastrojiannaki, A. V., & Alichanidis, E. (2007). Identificação de péptidos no iogurte de leite de ovelha tradicional e probiótico com atividade inibidora da enzima de conversão da angiotensina I (ACE). Food Chemistry, 105: 647e 656.

Park WS, Shin DY, & Parr S.K.(2006). O ginseng coreano induz a espermatogénese em ratos através da ativação do modulador do elemento responsivo ao cAMP (CREM) Fertil Steril. 88:1000-1012.

Parmar VS, Jain SC, Bisht KS, Jain R, &, *Olsen* H.. (2013) Phytochemistry of the genus *Piper*. Phytochemistry 46:597-673.

Pennigton A, Schoen A., Salmon D., Young B, Johnson D,& Marts W. (2011). Composição dos alimentos minerais do abastecimento alimentar dos EUA, J Food Compos Anal 8:171-217

Pietta P.G., Flavonoids as antioxidants (2000). Polissacáridos e flavonóides de *Zingiber officinale* e sua extração. Jornal Americano de Medicina Tropical 5: 235-238.

Radi M., Niakousari M, & Amiri S. (2009). Propriedades físico-químicas, texturais e sensoriais do iogurte com baixo teor de gordura produzido com a utilização de amido de trigo modificado como substituto de gordura. J. of Applied Sciences, 9(11), 2194-2197

Rafat S., K. Philip, & Muni&y (2010). Potencial antioxidante e conteúdo fenólico do extrato etanólico de plantas seleccionadas da Malásia Res. J. Biotechnol, 5: 16-19.

Ragab J. (2000). Estudos tecnológicos de alguns leites fermentados. Tese de Mestrado, Fac. Agric. Univ. de Zagazig, Egipto.

Rahmawati N. & Bachri M.S. (2012). O efeito afrodisíaco e a toxicidade da combinação da infusão de Piper retrofractum L, Centella asiatica & Curcuma domestica, Health Sci. J. Indonesia. 3, 19-22.

Rajeev K, Gagan G, & Narmada P.(2006). Drug Therapy for Idiopathic Male Infertility: Rationale versus Evidence. J. of Urology; 176: 13071312.

Raji Y, Udoh US, Mewoyaka O, Ononye F.C, & Bolarinwa F. (2003). Implicação do mau funcionamento do sistema endócrino reprodutor na eficácia antifertilidade masculina do extrato de Azadirachta indica em ratos. Afri. J. Med.Med.Sci

Ramesh T, Kim S.W., & Sung J.(2012). Efeito do extrato fermentado de Panax ginseng (GINST) no estresse oxidativo e nas atividades antioxidantes nos principais órgãos de ratos idosos. Exp. Gerontol. 47:77-84

Rashid A, Salariya A, & Hassan S. (2012). Análise físico-química comparativa entre iogurte Pak à base de alho e fibra de aveia. J. Biochem. Mol. Biol; 45(2):90-93.

Rasic L., Monole & Kurmann, J. A. (1978). Iogurte: Scien-tific Grounds, Technology, Manufacture and Preparation. Editora Técnica de Lacticínios, Berna, Suíça&.

RawsonH. L., & Marshall, (2007) Efeito das estirpes "ropy" de *Lactobacillus delbrueckii* ssp.*bulgaricus* & *Streptococcus thermophilus* na reologia do iogurte agitado. Int. J. Food Sci. Tech 32: 213-220

Remeuf F., Mohammed S., Sodini I, & Tissier J.P., (2003). Observações preliminares sobre os efeitos da fortificação do leite e aquecimento na microestrutura e propriedades físicas do iogurte agitado. International Dairy Journal 2003;13:773-782.

Robinson, & Kone R. (1977). Um produto lácteo para o futuro: iogurte concentrado. South Afr. J. Dairy Tech., 9: 59-61.

S&ers, & Murde E. (1998). Desenvolvimento de probióticos de consumo para o mercado dos EUA. British Journal of Nutrition 80: 213-218

S&ine W. E., & Elliker P. R. (1970). Microbially induced flavours and fermented foods flavour in fermented dairy products. Jornal de Química Agrícola e Alimentar, 18, 557-562

S.Y. Choi, C.W. ChoY. & Lee (2012). Comparação do conteúdo de ginsenosídeos e ingredientes fenólicos em folhas, frutos e raízes de ginseng cultivados hidroponicamente. J Ginseng Res, 36: pp. 425-429.

Sadiq M. (1989). Cádmio no ambiente aquático. Environ. Technol. Letters, 10: 1057-1070.

Sahan, N., K. Yasar & A.A. Hayaloglu, (2008). Physical, chemical & Flavor quality of non- fat yogurt as affected by a glucan hydrocolloids, 22: 1291- 1297

Saint-Eve A, Levy C, Martin N, & Souchon I. (2006). Influência das proteínas na perceção de iogurtes agitados com sabor. J. Dairy Sci. 89:922-933.

Salvador A, & Fiszman S.M. (2012). Características texturais e sensoriais do iogurte tipo set integral e desnatado com sabor durante o armazenamento prolongado. J. Dairy Sci. 87(12): 4033-4041

Salwa Aly, E.A. Galal & Neimat, (2004). Iogurte de cenoura: propriedades sensoriais, químicas, microbiológicas e aceitação do consumidor. Jornal de Nutrição do Paquistão 3 (6): 322-330.

Sastroamidjojo S. (2009). O teste do micronúcleo para análise citogenética. In: Hollaender A (ed) Chemical Mutagenesis, Principles of Methods for their Detection. v. 4. Plenum Press, Nova Iorque, pp 31-53.

Sekiwa Y, Kubota K, & Kobayashi A. (2000). Isolamento de novos glucosídeos relacionados com o gingerdiol do gengibre e suas actividades antioxidantes. J.Agric.Food Chem. 48:373-377.

Selvendiran K., Singh, Krishnan & Sakthisekaran, D. (2003). Efeito citoprotector da piperina contra o cancro do pulmão induzido pelo benzo[a]pireno com referência à peroxidação lipídica e ao sistema antioxidante em ratos albinos suíços. Fitoterapia, 74, 109-115.

Senel E., Atamer M., Gursoy A, & Oztekin (2011). Alterações em algumas propriedades do iogurte de cabra coado (Suzme) durante o armazenamento. Small Rumin.Res., vol. 99, pp. 171-177.

Seo MH, Lee SY, Chang YH, & Kwak (2009). Propriedades físico-químicas, microbianas e sensoriais do iogurte suplementado com algum extrato de ervas durante o armazenamento. J Dairy Sci.;92:5907-5916.

Serra, M., J., Trujillo, B. Guamis & Ferragut, (2009). Perfil de sabor e sobrevivência da cultura inicial de iogurte produzido a partir de leite homogeneizado a alta pressão. International Dairy Journal, 19: 100-106

Shah, N.P., (2014). Bactérias probióticas: enumeração selectiva e sobrevivência em produtos lácteos. J. Dairy Sci., 83: 894-907.

Shaker, Jumah & B. Abu-Jdayil, (2010). Propriedades reológicas do iogurte simples durante o processo de coagulação: impacto do teor de gordura e do tratamento de pré-aquecimento do leite. J. Food Eng., 44: 175-180.

Shaw, D. (2009) Risks or remedies Safety aspects of herbal remedies. J. Roy. Soc. Med., 91, 294-296.

Shori, A.B., Baba & Jouns A.Sime (2011). Atividade antioxidante e inibição de enzimas chave ligadas à diabetes tipo 2 e hipertensão por Azadirachta indica-yogurt. J. Saudi Chem.3: 321-334

Sies H., & Stahl Wile. (1995). Vitaminas, *p.cubeba* e outros carotenóides como antioxidantes. Am J Clin Nutr.; 62:13115S-21S.

Sikka SC, Rajasekaran M, & Hellstrom WJG. (1995). Papel do stress oxidativo e dos antioxidantes na infertilidade masculina. J &rol.16: 464-8.

Singh, Gews K., & Muthukumarappan K. (2007). Influência da fortificação com cálcio nas características sensoriais, físicas e reológicas do iogurte de fruta. LWT Food Sci Tech 41:1145-1152.

Smith, J.T. & Mayer, D.T. (1955). Avaliação da concentração de espermatozóides pelo método do homocitómetro. Comparação de quatro fluidos de contagem. J. Fert. Steril., 6: 217-275.

Sodini I, Remeuf F, Haddad S, & Corrieu G.(2010) The relative effect of milk base, starter, and process on yogurt texture: a review. Crit Rev Food Sci Nutr.;44(2):113-37.

Son S., & Lewis B. A. (2002). Actividades de eliminação de radicais livres e antioxidativas de análogos de amida e éster do ácido cafeico: Relação estrutura-atividade. J. Agric. Food Chem, 50, pp. 468-472.

Sripramote M, & Lekhyan&a N. (2003). A r&omized comparison of ginger & vitamin B6 in the treatment of nausea and vomiting of pregnancy. J Med Assoc Thai; 86(9): 846-853.

Sripramote M., Manusirivithaya S., & Tangjitgamol (2003). Efeito antiemético do gengibre em pacientes oncológicos ginecológicos que recebem cisplatina. Int J Gynecol Cancer; 14(6):1063-9.

Stankovic, H. & Mikac-Devic, D. (1986) Zinc & copper in human semen. *Clin. Chim. Ata*, 70, 123-126. Turk J. Biol.;(30): 177-183.

Stanton C., Deeth E. & Garrian. (2005). Addition of Probiotic Cultures to Foods (Adição de culturas probióticas aos alimentos). Critical Reviews in Food Science and Nutrition 48 91-104.

Suckow, Danneman, P. & Brayton, C. (2001). Sistema reprodutor masculino. In: The Laboratory Mouse. CRC press LLC. Llc. Londres. Pp: 288-292.

Swiergosz, R., Zakrzewska & Janowska, I. (1998). Acumulação de cádmio e seu efeito nos tecidos da ratazana-do-banhado após exposição crónica. Ecotoxicol. Environ. Segurança, 41: 130-136.

Tamime A. & Deeth H.C. (1980). Yoghurt: Technology & Biochemistry. Journal of Food Protection: 43(12) 939-977.

Tamime, J. E. & Robinson (1999). Yogurt: science & technology. Londres, Reino Unido: Woodhead Publishing Limited.

Thapa, Thomass K. & Gorge A. (2000). Small - scale milk processing technologies. Documento para discussão. Relatório da conferência FAO.E-mail sobre recolha e processamento de leite em pequena escala nos países em desenvolvimento 29 de maio - 28 de julho.

Thorton I. (2010). Sources & pathways of cadmium in the environment (Fontes e caminhos do cádmio no ambiente). IARC, Sci. Pub., 118: 149-162.

Tilbrook, A.J., & Clarke, I.j. (2013). Regulação de feedback de negatine da secreção e ações do hormônio liberador de gonadotrofinas no homem. Biol. Reprod., 64: 735-742 Triterpenóides das folhas de Psidium guajava. Phytochemistry 61: 399-403

Truong, V. D., & Daubert, C. R. (2012). Caracterização textural de queijos usando reometria de palheta e análise de torção. Journal of Food Science, 66, 716-721.

Umeyama T, Ishika H, Takeshima H, Yoshii S, & Koiso K(1986). A comparative study of seminal trace elements in fertile and infertile men. Fertil Steril, 46(3):494-9.

USDA (2001). Especificações para iogurte, iogurte magro e iogurte com baixo teor de gordura. Documento 21CFR, Parte 131.200-203

Velioglu Y, Mazza G, Gao L., & Oomah B (1998). Antioxidant activity & total phenolics in selected fruits, vegetables, and grain products. J. Agric. Food Chem., 46(10): 4113-4117.

Verhoeven, G. Denolet, E.; Swinnen, J.V. Williams, P., Saunders, K., Sharp, R.M. & Gendt, T. (2007). O papel dos &rogénios no controlo da espermatogénese: Lessons from transgenic models involving Sertoli cell-selective knockout of the rogen recetor. Anim. Reprod., 4(12): 3-14.

Vijayakumar R.S., Surya D., & Nalini N.(2004) Antioxidant efficiency of black pepper & piperine in rats with high fat diet induced oxidative stress. Redox Rep.; (2):105-110.

Vijayan&a P., Mittal B.K., & Kulshreshtha M (1989). Análise instrumental do perfil textural da coalhada de soja preparada por coagulação ácida e salina. J. Food Sci. Technol. 26(4): 223- 224.

Watern J. D., Keen, & Gershwin, M. E. (1999). A influência do consumo crónico de iogurte na imunidade. Journal of Nutrition, 129, 1492-1495S.

OMS, (1992). Cádmio, Critérios de Saúde Ambiental, Organização Mundial de Saúde. 134: 17-280.

OMS, (1999). Valores de referência das variáveis do sémen. In: WHO_Laboratory Manual for the Examination of Human Semen & Sperm-Cervical Mucus Interaction. 4th eds. Cambridge University Press. Cambridge. Pp: 1-50

OMS/UNECE. (2006). Health Risks of Heavy Metals from Long-Range Trans Boundary Air Pollution (Riscos para a saúde dos metais pesados resultantes da poluição atmosférica transfronteiriça a longa distância): Incorporating First Addendum. Recomendações. 3rd eds. Organização Mundial de Saúde, Genebra, Suíça& 1: 113.

Wiwanitkit V.(2005). Efeito In Vitro do Extrato de Ginseng na Contagem de Espermatozóides. Sex

Disabil. ;23:241-3.

Wu Q, Wang S, Tuen G, Feng Y & Yang J (2011). Alcalóides de *Piper puberullum*. Phytochemistry 44:727-730.

Yamamoto M, Kumagai A, & Yamanura Y. (1987). Efeito dos princípios de *Panax ginseng* na síntese de DNA e proteínas em testículos de ratos. Jul; 27(7):1404-1501.

Yogisha S, & Raveesha K.A. (2009) Efeito antibacteriano in-vitro de extractos de plantas medicinais seleccionadas. J. Nat Prod 2: 64-69.

Zalatae A., Mokhtar N., Badawy Ael-N, Othman G, & Alghobary M, (2013). Relação entre a expressão do recetor de androgénio e as variáveis do sémen em homens inférteis com varicocele. J Urol. 189:2243-7.

Zancan C., Marques O., Petenate A, & Meireless A. (2002). Extração de oleorresina de gengibre (Z.O Roscoe) com CO2 e co-solvente: um estudo da ação antioxidante dos extratos. J. Supercrit. Flu.24:57- 76.

Printed by Books on Demand GmbH, Norderstedt / Germany